本書で製作する多面体モデル

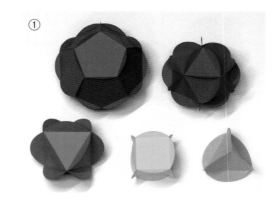

① 耳つき正多面体（第2章）　② 球に内接する耳つき正多面体（第3章）
③ 円盤で作る正多面体（第5章）

④

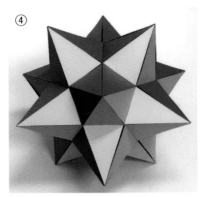

⑤

⑥

⑦

④ 星型十二面体・⑤ 星型二十面体（第6章）　⑥ 正多面体編み（第7章）
⑦ 六つ編みリングボールと正十二面体編み（第10章）

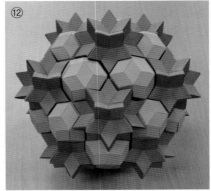

⑧ 菱形十二面体編み（第9章）　⑨ 菱形三十面体編み（第10章）
⑩ 菱形六十面体編み・⑪ 十二編みリングボール（第11章）
⑫ 黄金菱形ドリアン（第13章）　⑬ 星型十二面体編み（第14章）

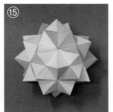

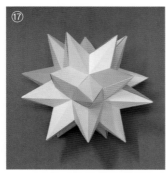

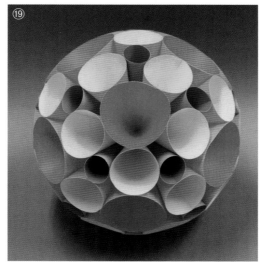

⑭・⑮・⑯・⑰ 星型二十面体編み（第15章）

⑱・⑲ 円錐正多面体と円錐半正多面体（第16章・第17章）

数楽工作倶楽部

多面体の工作で体験する
美しい数学の世界

廣澤 史彦 著

共立出版

まえがき

　「数楽工作倶楽部」とは，工作を通じて体験的に数学を学ぶことを目的として，筆者が山口大学理学部で学生と一緒に行っている課外活動です．本書で紹介する工作のほとんどが，そこで学生と一緒に製作したものをベースとしています．

　「数学」が好きな人にとって数学の最大の魅力は，「いろいろなことが計算によってわかること」のようです．そして，それはほとんどの場合，例えば「○○の等式が成り立つことを証明」や「○○を満たす関数を求める」のような，試験問題として出題される「数学のための数学の問題を解くこと」と同義です．このように，学校の数学の授業で学ぶ「純粋な数学」に魅力を見出せるのは素晴らしいことなのですが，そのような人は決して多数派ではないようです．特に，高校以降で学ぶ現実世界からかけ離れている（ように見える）純粋な数学に魅力を感じられない多く人たちとって，数学がもはや敬遠の対象となってしまっているのは非常に残念なことです．しかし，実際には多くの場合，純粋な数学の背後には身近で現実的な世界が隠れており，「数学の問題を考えること」は「現実の問題を理解する」ための手段なのです．このような数学の重要性と魅力については，あらゆる分野の専門家がそれぞれの立場から様々な形で発信していますが，本書では特に，多面体をモチーフにした造形を題材にして，次のような数学の魅力を紙工作の体験を通じて学んでいきます．

- 美しい造形には美しい数学的構造が隠されている．
- 美しい造形を具体化するために道具としての数学が不可欠である．

　なお，本書で最も重要なのは「数学をより深く学びたくなるきっかけ」としての工作体験なので，本書の写真や図を眺めて興味を持った造形があれば，工作に関係ない説明や数式は読み飛ばし，巻末の付録やネットで公開している図面を参考に，とりあえず実物を作ってみてください．そして，もし

もできあがった実物の造形に美しさを感じ，それを司る構造に興味があれば，本文の説明にも目を通してみて下さい．さらに，できあいの図面に頼らず自ら設計してみたくなったときには，本書に登場する数式とその導出についても考えてみてください．本書では途中の計算の多くを省略していますが，そのほとんどは高校で学ぶ数学の知識で再現することができます．それを行う過程で，立体物の設計において「ベクトル」や「平方根」，「三角関数」などが空気のように使われ，重要性をあえて主張するのもおこがましいほど必要不可欠な存在であることが認識できると思います．数学離れが問題視されて久しい昨今，本書が少しでも多くの人たちに数学に興味を持つきっかけを提供することができれば幸いです．

　最後に，山口大学在職中に数学工作倶楽部に参加して工作ネタの提供と数学に関するアドバイスをしてくださった早稲田の村井聡氏ならびに九州大学の鍛冶静雄氏，忍耐強く脱稿をお待ちくださった共立出版編集部の方々，そして本活動に参加された歴代の山口大学理学部の学生の皆様に，この場を借りて厚く御礼申し上げます．

2020 年 1 月

廣澤史彦

目　次

多面体工作ことはじめ

図1.1の五つの立体は，**正多面体**と呼ばれる多面体です．

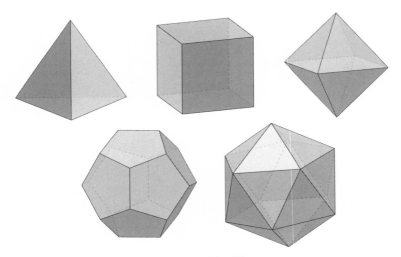

図1.1 正多面体

　ほとんどの人がきっとどこかで目にしたことがあるであろうこれらの立体は，その名に「正」と冠されているだけあり，単にシンプルでバランスがとれた見た目だけでなく，数学的に特別に美しく根源的な特性を持った立体です．この事実は，実際に工作体験をしながら本書を読み進むにつれて，いやというほど実感することになると思います．第1章ではシンプルな方法で実際に正多面体を製作し，実物を手にとっていろいろな角度から眺めながらそ

の形状の美しさを味わってみましょう.

1.1　展開図から組み立てる正多面体

　正多面体[1]は図1.1のように, 4枚の正三角形の面でできた**正四面体**, 6枚
の正方形の面でできた**正六面体**, 8枚の正三角形の面でできた**正八面体**, 12
枚の正五角形の面でできた**正十二面体**, 20枚の正三角形の面でできた**正二
十面体**5種類の立体です. まずは肩慣らしに, 正多角形を面の数だけつなげ
た図1.2のような展開図から正多面体モデルを組み立ててみましょう.

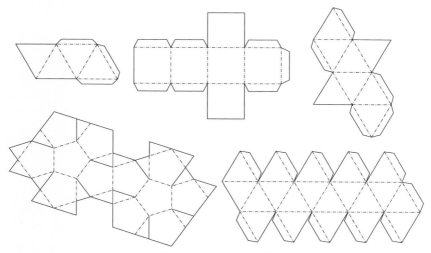

図1.2　正多面体の展開図

　ここで, 図面の**実線**は**切り取り線**, **一点鎖線**（破線の間隔に点をうったも
の）は図1.3のように折り目が手前にくる**山折り**, この図面の中にはありま
せんが, 図1.4のように山折りと反対の**谷折り**を**破線**で表します. 以降, 本
書の図面ではこの表記を用います.

---

[1] 正多面体の英語表記は,「正」を表す「regular」とギリシア語由来の「数」を表す言葉
を用いて regular tetrahedron（正四面体）, regular hexahedron（正六面体）, regular
octahedron（正八面体）, regular dodecahedron（正十二面体）, regular icosahedron
（正二十面体）です.

図 **1.3** 山折り

図 **1.4** 谷折り

　また，展開図の正多角形面以外の部分は，折ったときに面と重なって接着する部分となる**のりしろ**です．なお，本書では紙を折って組み立てたときに重なる余分な部分を全て「のりしろ」と呼ぶことにします．製作するモデルによっては，のり付け不要なのりしろもあるので注意しておきましょう．

　これらの展開図を組み立てるのに特別な解説は必要ないと思われますが，以降の工作でも共通する基本的な製作手順といくつかの注意点を確認しておきます．

展開図からの製作工程

(1) **図面を紙に印刷する**

　ダウンロードした PDF 形式のデータをプリントアウトする，もしくは本書の巻末の図面をコピー機で拡大コピーします．使用する紙はコピー用紙でも問題ありませんが，少し厚めの紙を使うとより強度が増し完成品の精度も高くなります．

(2) **展開図を切り取る**

　本書で使用する図面はそれほど複雑ではないので「はさみ」で切り取ることも可能ですが，大量の部品を正確かつ効率的に切り取る場合には「工作板」を下敷きにして「ステンレス定規」をガイドに「カッターナイフ」を使用することを推奨します．カッターナイフを使用する場合，切れ味を保つために刃はケチらずこまめに折りましょう．

(3) **展開図に折り筋をつける**

　折り筋は「ヘラ」を使用して定規でしっかりつけましょう．完成品

の表に現れるのは切れ目ではなく折り目なので，この作業での正確
性は (2) 以上に重要です．

(4) **部品を折ってのり付けする**

(3) でつけた折り目に従って紙を折っていきます．のり付けは，薄
い紙の場合は水分を含まない「スティックのり」，厚手の紙をしっ
かり接着したい場合には「木工用の接着剤」を使用します．

1.2　正多面体の定義

ここまで，図 1.1 のような立体を特に断りなく「正多面体」と呼んできま
したが，厳密には正多面体と呼ばれるのは一体どのような立体なのでしょう
か．曲りなりにも書名に「数学（数楽）」と冠した以上，数学で最も重要な言
葉の意味を定める「定義」として正多面体を規定しておく必要があります．

定義（正多面体）. 正多面体とは，次の条件を全て満たす多面体である．
(i)　　全ての面が等しい正多角形である．
(ii)　　全ての頂点で接する面の数が等しい．
(iii)　凸多面体である．

ここで，「凸」とはへこみがない図形です．[2]　例えば，図 1.5 のような立体
は凸ではありません．

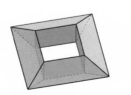

図 1.5　凸でない立体

---

[2] より正確に述べると，その立体内のどのような 2 点を結んだ線分もその図形の内部また
は表面にあるとき「凸な立体」といいます．

　正多面体の定義から，正多面体とは図1.1の5種類の立体であり，かつこれら以外には存在しないことが証明できますが，その事実については第2章で議論します．

1.3　のりを使わない正多面体モデルの製作

　展開図を折ってのり付けで仕上げる方法は，手軽に誰でもできる反面，のり付けの最後の工程で接着面同士を強く押し付けることが物理的に難しいという欠点があります．次に紹介するのは，部品の形を工夫してのり付けなしで正多面体モデルを製作する方法です．

■正四面体モデル

　数字とアルファベットが書かれた正三角形がつながった図1.6のような部品から，正四面体モデルを組み立ててみましょう．

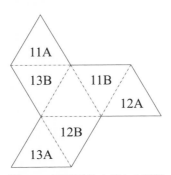

図1.6　正四面体モデルの部品

　部品を切り取って折り目をつけてから，次のようなルールで組み立てていくと正四面体が完成します．

- 同じ数字の面が重なる．
- 面はアルファベット順に下からA, B, . . . と重ねる．

ただし，部品のアルファベットの順番は最終的なもので，一時的に間が抜けた状態で組み，その後の工程で抜けた間に部品が差し込まれるような場合

もあります．コツをつかめば，番号がなくても組み立てられるようになります．

■正六面体モデル

　正方形が連なった図1.7のような3本の帯部品を組み合わせて正六面体モデルを組み立ててみましょう．

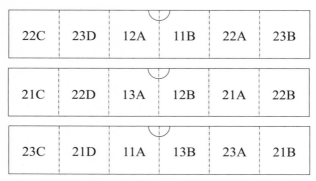

22C	23D	12A	11B	22A	23B

21C	22D	13A	12B	21A	22B

23C	21D	11A	13B	23A	21B

図1.7　正六面体モデルの部品

　数字とアルファベットに従って組み立てるのは正四面体モデルと同様ですが，このモデルではさらに次のルールに従います．

- 番号の左端の数字が小さい順に組み立てる（「2*」より「1*」が先[3]）．
- 異なる帯の「円弧」の印がついた面の頂点同士を重ねる．

　完成したモデルは分解するのが困難なほど頑丈ですが，組み立てる途中は気を抜くとすぐにバラバラになってしまうほど不安定です．**ダブルクリップ**で部品同士を一時的に固定しながら組み立ててゆくとよいでしょう．のり付けは不要ですが，どうしても難しい場合には「1*」の面同士を軽くのり付けしておくと容易に組み立てられます．

---

[3]「*」は「ワイルドカード」と呼ばれる記号で，その部分に「何かの数字や文字」があることを意味します．本書では，例えば「21B」や「25A」を一般的に「2*」などと表す場合があります．

■正八面体モデル

　正八面体モデルを組み立てる部品は，図1.8のような正三角形が連なった2本のギザギザ帯です．これらをルール通り編むように組み立ててゆくと正八面体モデルが完成します．

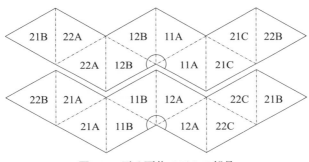

図1.8　正八面体モデルの部品

■正十二面体モデル

　正十二面体モデルを組み立てる部品は，図1.9のような正五角形が連なった4本のギザギザ帯です．

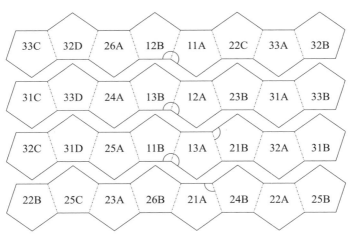

図1.9　正十二面体モデルの部品

帯の数が4本となり「3*」も登場するので難度は上がりますが，組み立てのルールはこれまでのモデルと同様です．

■正二十面体モデル

正二十面体モデルを組み立てる部品は，図1.10のような正三角形が連なった5本のギザギザ帯です．

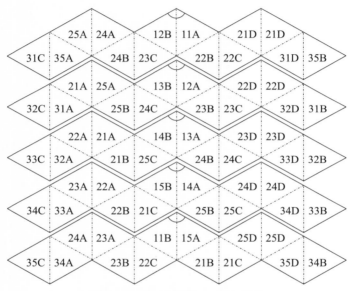

図1.10　正二十面体モデルの部品

最も難しいと思われる最後の「3*」の部分は，先の細いピンセットを使って開いた「花びら」を畳んで「つぼみ」にするイメージで組み立ててゆきます．

1.4　多面体の面・辺・頂点の数とオイラーの多面体定理

小学校や中学校では多面体の種類とともに，それらの「面」や「辺」，「頂点」の数についても学びました．できあがった正多面体モデルを手にとり，実際にそれらが表1.1のようになることを確認しておきましょう．

表 1.1 正多面体の面・辺・頂点の数

	正四面体	正六面体	正八面体	正十二面体	正二十面体
面の数	4	6	8	12	20
辺の数	6	12	12	30	30
頂点の数	4	8	6	20	12

ここで，各正多面体の頂点，辺，面の「数」に注目して整理したものが表1.2ですが，これを眺めると正多面体同士に何らかの関係があることは疑いようもありません.

表 1.2 正多面体の頂点，辺，面の数

	4	6	8	12	20	30
正四面体	面・頂点	辺				
正六面体		面	頂点	辺		
正八面体		頂点	面	辺		
正十二面体				面	頂点	辺
正二十面体				頂点	面	辺

これら正多面体同士の関係については，次章以降に工作体験を通じて考察していきますが，ここでは特に，正多面体の頂点と辺と面の個数に関する有名な定理を紹介しておきます.

> **定理（オイラーの多面体定理）**
>
> 穴が開いていない多面体の面の数 F，辺の数 E，頂点の数 V に関して次の関係式が成り立つ.
>
> $$F - E + V = 2 \qquad (1.1)$$

例えば，正多面体に対してオイラーの多面体定理が成り立つことはすぐに確かめられます. なお，今後は断りなく多面体の面の数を F，辺の数を E，頂点の数を V と表す場合があります[4].

---

[4] F, E, V はそれぞれ face（面），edge（辺），vertex（頂点）の頭文字です.

■**切頂二十面体の辺と面の数**

オイラーの多面体定理が適用できるのは正多面体に限りません．例えば，**切頂二十面体**[5]とよばれる12枚の正五角形と20枚の正六角形面でできた図1.11のようなサッカーボール型の多面体を考えてみましょう．

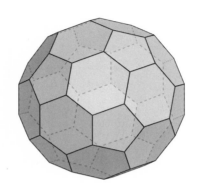

図1.11　切頂二十面体

この多面体の面の数Fが「$F = 12 + 20 = 32$」であることはすぐにわかりますが，辺の数Eと頂点の数Vも次のように簡単に求めることができます．

- 12枚の正五角形と20枚の正六角形の頂点と辺の総数は，ともに「$5 \times 12 + 6 \times 20 = 180$」である．
- 切頂二十面体の1本の辺は異なる2枚の面で共有されているため，辺の総数は「$E = 180 \div 2 = 90$」である．
- 切頂二十面体の一つの頂点は異なる3枚の面で共有されているため，頂点の総数は「$V = 180 \div 3 = 60$」である．

したがって「$F - E + V = 32 - 90 + 60 = 2$」となり，オイラーの多面体定理の等式 (1.1) が確認できました．

■**正多面体が5種類である理由**

厳密な証明ではありませんが，正多面体が5種類しかないことはオイラー

---

[5]「切頂二十面体（truncated icosahedron）」はその名の通り正二十面体の各頂点を切り落としてできる多面体です．

の多面体定理を用いて次のように説明できます.

(i) **正多面体の面は正三角形・正方形・正五角形のどれかである**

多面体ができるためには，一つの頂点に3枚以上の面が集まっていなければなりませんが，内角の大きさが120°以上の正多角形（辺の数が6以上の正多角形）ではそれを実現することができません.

(ii) **面が正五角形の正多面体は正十二面体だけである**

一つの内角の大きさが108°である正五角形で凸の多面体を作る場合，一つの頂点に集まる面の数は「3」に限られます. ここで，正五角形だけで作られる多面体の面の数をFとすると，切頂二十面体に対する考察と同様に「$E = 5F \div 2$」，「$V = 5F \div 3$」となります. したがって，オイラーの多面体定理より

$$F - E + V = F - \frac{5F}{2} + \frac{5F}{3} = 2$$

が成り立たなければなりませんが，Fに関するこの一次方程式の解は「$F = 12$」のみ，すなわち面の数は「12」だけです.

(iii) **面が正方形の正多面体は正六面体だけである**

正五角形の場合と同様に，一つの頂点に集まる正方形の面の数は「3」に限られます. 正方形だけで作られる多面体の面の数をFとすると，「$E = 4F \div 2$」，「$V = 4F \div 3$」より，オイラーの多面体定理から「$F = 6$」，すなわち面の数は「6」だけであることがわかります.

(iv) **面が正三角形の正多面体は3種類しかない**

正三角形で凸の多面体を作る場合，一つの頂点に集まる面の数は3, 4, 5枚の3種類に限られます. ここで，正三角形の面の数をF，一つの頂点にn枚の面が集まっているとすると，「$E = 3F \div 2$」，「$V = 3F \div n$」となるので，オイラーの多面体定理よりFの値は次のようになります.

$$F - E + V = F - \frac{3F}{2} + \frac{3F}{n} = 2 \iff F = \frac{4n}{6 - n}$$

よって，$n = 3, 4, 5$の場合にFの値はそれぞれ「$F = 4, 8, 20$」となります.

■穴のある多面体に対するオイラーの多面体定理

　前出のオイラーの多面体定理で仮定された「穴が開いていない」という条件が満たされない場合，多面体の面の数 F，辺の数 E，頂点の数 V の関係はどのようになっているのでしょうか．穴の数が 1，2，3 である図 1.12，1.13，1.14 のような多面体を考えてみましょう．

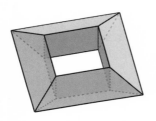

図 **1.12**　穴が一つの多面体

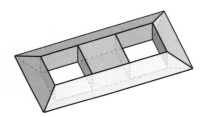

図 **1.13**　穴が二つの多面体

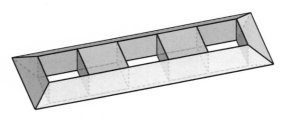

図 **1.14**　穴が三つの多面体

　実際，これらの $F - E + V$ の値を計算してみると式 (1.2) のようになり，等式 (1.1) は成り立ちません．

$$F - E + V = \begin{cases} 12 - 24 + 12 = 0 & \cdots \text{穴の数 1（図 1.12）} \\ 18 - 40 + 20 = -2 & \cdots \text{穴の数 2（図 1.13）} \\ 24 - 56 + 28 = -4 & \cdots \text{穴の数 3（図 1.14）} \end{cases} \qquad (1.2)$$

　しかし，新たな性質「穴の数が一つ増えるごとに $F - E + V$ の値は 2 ずつ減っている」が成り立つことがわかります．実は，この性質は等式 (1.3) として穴の空いた多面体全てに対して成り立っており，オイラーの多面体定理

は次のように拡張することができます.

━ オイラーの多面体定理 2 (穴有りバージョン) ━━━━━

n 個の穴が開いている多面体の面の数 F, 辺の数 E, 頂点の数 V に対して次の関係式が成り立つ.

$$F - E + V = 2 - 2n \qquad (1.3)$$

本書ではオイラーの多面体定理の証明は紹介しませんが, 興味のある方は例えば [1] などを参考にしてみて下さい.

第**2**章

耳つき正多面体

　第1章では，一般的な展開図から正多面体を作るときに困難となる「のり付けの問題」を避けるために，のりを使わずに正多面体モデルを組み立てる方法を紹介しました．第2章と第3章では，のり付けの問題を逆手にとって図2.1のように面と面とをつなぐのりしろの部分をデザインに取り入れた正多面体モデルを製作してみます．のりしろの部分を「耳」と見なし，このようなモデルを本書では**耳つき正多面体**と呼ぶことにします．

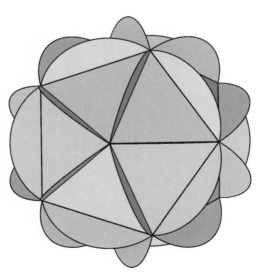

図 2.1 耳つき正多面体（耳つき正二十面体）

2.1 耳つき正四面体

図2.2のような**耳つき正四面体**は，内側に正三角形を描いた円形の紙4枚（図2.3）を貼り合わせて作ります．ここで，破線で描いた正三角形が面，その外側の「耳」の部分が面同士をつなぐのりしろになります．

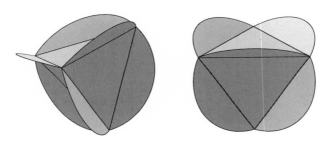

図2.2 耳つき正四面体

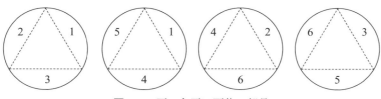

図2.3 耳つき正四面体の部品

正多面体の種類によらず，耳つき正多面体モデルの製作工程は次の通りです．

耳つき正多面体の製作工程

(1) **図面を作成する**

ダウンロードしたPDFデータを印刷，または本書をコピーしたものを使うこともできますが，ぜひコンパスと定規，またはコンピューターを使った図面の作成から始めてみてください．部品はコピー用紙よりも厚紙で作ることをおすすめします．

(2) **部品を切り取り破線を谷折りに折る**

円を切る専用のカッターを使うと，きれいに効率よく部品を切り出すことができます．

(3) **部品をのり付けして組み立てる**

のりしろの部分を「同じ番号同士が背中合わせになるように」接着していくと，耳つき正多面体モデルが完成します．

2.2　耳つき正六面体

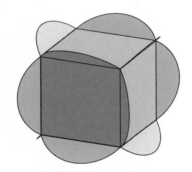

図 2.4　耳つき正六面体

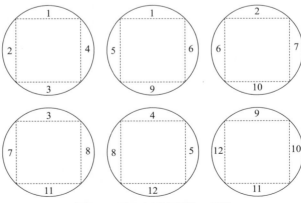

図 2.5　耳つき正六面体の部品

2.3 耳つき正八面体

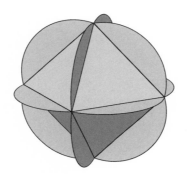

図2.6 耳つき正八面体

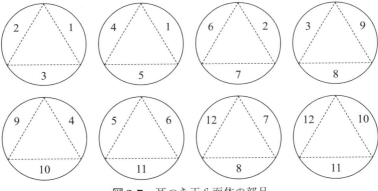

図2.7 耳つき正八面体の部品

2.4 耳つき正十二面体

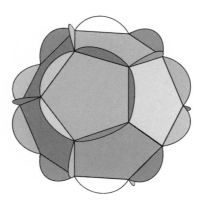

図 2.8 耳つき正十二面体

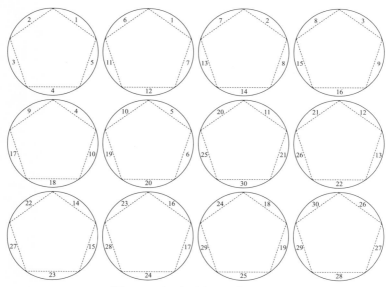

図 2.9 耳つき正十二面体の部品

2.5 耳つき正二十面体

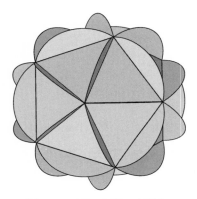

図 2.10 耳つき正二十面体

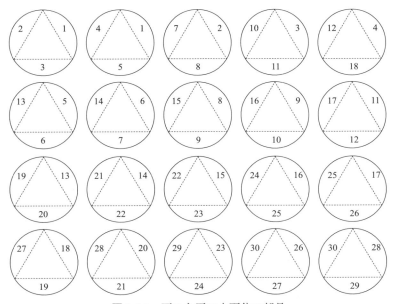

図 2.11 耳つき正二十面体の部品

2.6 正多面体の対称構造

　第1章では，オイラーの多面体定理から計算によって正多面体が5種類に
限られることを導きましたが，今回は耳つき正多面体の工作を通じて，その
事実を確認することができたのではないでしょうか．実際，耳つき正多面体
の部品を貼り合わせていくと，正三角形は六つ以上，正方形と正五角形なら
ば四つ以上の面が一つの頂点に集まるような凸多面体を作ることは不可能で
あることが確認できます．

　ここで，面の形が正 p 角形，一つの頂点に集まる面の数が q である正多面
体を，シュレーフリ記号と呼ばれる表記で $\{p, q\}$ と表すと，5種類の正多面
体は表2.1のように表されます．

表 2.1   正多面体のシュレーフリ記号表記

正四面体	正六面体	正八面体	正十二面体	正二十面体
$\{3,3\}$	$\{4,3\}$	$\{3,4\}$	$\{5,3\}$	$\{3,5\}$

　ちなみに，正三角形，正方形，正六角形面だけで作られたタイル張りは正
多面体ではありませんが，シュレーフリ記号によってそれぞれ図2.12のよう
に表されます．

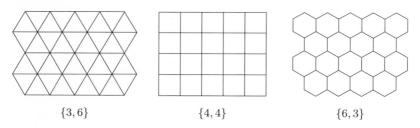

$\{3,6\}$　　　　　　　　$\{4,4\}$　　　　　　　　$\{6,3\}$

図 2.12   正多面体のタイル張り

2.7 耳つき正多面体の部品の設計

　本章の最後に，耳つき正多面体の部品の設計方法について考察しておきま
しょう．図2.13のようなこれらの部品の設計は，数学的には「円に内接する
正多角形」を描く問題と考えられます．

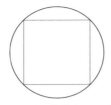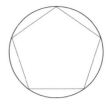

図 2.13 円に内接する正多角形

　正三角形と正方形は，コンパスと定規を使って中学で学ぶの数学の知識で描くことができます．多少複雑ではありますが，円に内接する正五角形もコンパスと定規で作図することが可能です[1]．

　しかし，実際に部品の図面を描く場合には，このような作図による方法は効率面でも精度面でもあまり現実的ではありません．そこで，ここでは高校で学ぶ「三角関数」を用いたより実用的な方法を紹介しましょう．

■三角関数

　高校で学ぶ**三角関数**は，数学好きな特殊な人たちを除く多くの人たちには忌み嫌われる存在のようです．確かに，試験のために勉強しなければならないハードルと考えると，そのように思われても仕方がないところもありますが，数学の問題ではなく工作のための「道具」と考えれば極めて有用な存在です．ここで，三角関数の定義を確認しておきましょう．

定義（三角関数）．原点 O を中心とする半径 1 の円 C 上の点を P とする．線分 OP と x 軸のなす角が θ[2] であるとき P の座標 (x, y) を与える関数を
$$x = \cos\theta, \quad y = \sin\theta$$
また，$\cos\theta \neq 0$ のとき
$$\frac{\sin\theta}{\cos\theta} = \tan\theta$$
と表し，これらを三角関数とよぶ．

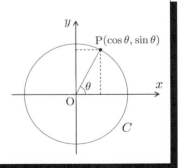

---

[1] 具体的な作図方法は，例えば [2] などを参照して下さい．
[2] 「θ」はギリシア文字で「シータ」や「テータ」などと読みます．

　このように定義された一見何の役に立つかよくわからない三角関数です
が，電卓や表計算ソフトにも必ず機能として備わっていることから，単に数
学の問題としてだけではなく，実用上も重要であることがわかります．例え
ば三角関数によって，工作の設計や測量に不可欠な直角三角形の辺の長さを
得ることができます[3]．

> 右のような直角三角形OPQにおいて，$|OP| = r$，$\angle POQ = \theta$ であるとき，$|OQ| = a$，$|PQ| = b$ の値は次で与えられる．
>
> $$a = r\cos\theta, \quad b = r\sin\theta$$

　では，実際に円に内接する正多角形の辺の長さを三角関数で表し，それを
用いて円に内接する正多角形を描いてみましょう．

　例として，図2.14のような半径rの円に内接する正五角形を考えます．こ
の正五角形の一辺の長さがわかれば，図2.15のようにコンパスを用いて円周
に頂点の位置を定めることができます．また，円や線分を描いたり回転させ
たりすることができるソフトがあれば，コンピューターを用いてより正確か
つ効率的に部品の図面を描くことができます．

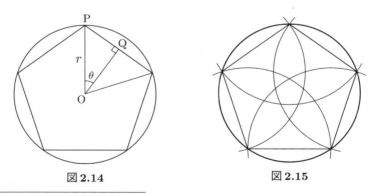

図2.14　　　　　　　　　　　図2.15

---

[3] 関数電卓などで三角関数の値を計算するときには，**度数法**（単位は°，表示はDEG）と
弧度法（単位はrad，表示はRAD）の違いに注意が必要です．本書では度数法を用い
ます．

直角三角形 OPQ において「$\theta = 36°$」なので，この正五角形の一辺の長さは次のようになります．

$$2|\text{PQ}| = 2r \sin 36°$$

また，この結果は次のように一般化できます．

円に内接する正多角形の一辺の長さ

半径 r の円に内接する正 n 角形の一辺の長さ l_n は次で与えられる．

$$l_n = 2r \sin \left(\frac{180°}{n} \right) \tag{2.1}$$

特に，$r = 1, n = 3, 4, 5, 6$ の場合，l_n の値は表 2.2 のようになる．

表 2.2 半径 1 の円に内接する正多角形の一辺の長さ

n	3	4	5	6
l_n	$\sqrt{3}$	$\sqrt{2}$	$\dfrac{\sqrt{10 - 2\sqrt{5}}}{2}$	1

例えば「半径 3 cm の円に内接する正五角形の一辺の長さ」は，$r = 3, n = 5$ として関数電卓を用いると次のように求められます．

$$2 \times 3 \times \sin 36° = 3.526 \cdots \approx {}^{4)} 3.53 \,(\text{cm})$$

一方，正多角形の一辺の長さが与えられたとき，その外接円の半径は次のようになります．

---

4) 「$\approx$」は，左右の値がほぼ等しいことを表す記号です．

正多角形の外接円の半径

一辺の長さが l の正 n 角形の外接円の半径 r_n は次で与えられる.

$$r_n = \frac{l}{2\sin\left(\dfrac{180^\circ}{n}\right)}$$

特に, $l = 1, n = 3, 4, 5, 6$ の場合, r_n の値は表 2.3 のようになる.

表 2.3　一辺の長さが 1 の正 n 角形の外接円の半径

n	3	4	5	6
r_n	$\dfrac{\sqrt{3}}{3}$	$\dfrac{\sqrt{2}}{2}$	$\dfrac{\sqrt{50+10\sqrt{5}}}{10}$	1

また, ほぼ同様にして正多角形の内接円に関する次の事実が示されます.

正多角形の内接円の半径

一辺の長さが l の正 n 角形の内接円の半径 ρ_n [4] は次で与えられる.

$$\rho_n = \frac{l}{2\tan\left(\dfrac{180^\circ}{n}\right)}$$

特に, $l = 1, n = 3, 4, 5, 6$ の場合, ρ_n の値は表 2.4 のようになる.

表 2.4　一辺の長さが 1 の正 n 角形の内接円の半径

n	3	4	5	6
ρ_n	$\dfrac{\sqrt{3}}{6}$	$\dfrac{1}{2}$	$\dfrac{\sqrt{25+10\sqrt{5}}}{10}$	$\dfrac{\sqrt{3}}{2}$

---

[5]「ρ」はアルファベットの「r」に対応するギリシア文字で「ロー」と読みます.

第 **3** 章

球に内接する耳つき正多面体

第2章で製作した耳つき正多面体の「耳」は，単なるのりしろというだけでなく，多面体のデザインにアクセントを与える効果もありました．また，図3.1のように「耳なし」と「耳つき」を比較すると，耳が立体を「より丸い」形にする効果があることもわかります．

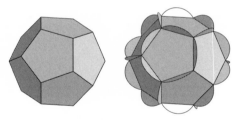

図 3.1 正十二面体と耳つき正十二面体

ここで「丸さ」に注目すると，耳の改良によって耳つき正多面体は図3.2のように「より丸い」耳つき正多面体にすることができると考えられます．

図 3.2 「より丸い」耳つき正十二面体

3.1　球に内接する耳つき正多面体

「最も丸く見える」耳つき正多面体の耳の形は，数学的にどのように表されるのでしょうか.

そもそも「丸い」とは数学的にどのような形であるべきなのか考えてみましょう.「球」を最も丸い立体と見なすことに異論の余地はないでしょう. すると，耳つき正十二面体が正十二面体よりも丸く見えるのは，耳によって正十二面体がより球形に近づくからだと考えられます. これをさらに丸くするには，耳の形をより球に近づければよいと考えられます.

正多角形に全ての頂点を通る外接円があったように，正多面体には図3.3のように全ての頂点を通る**外接球**が存在します.

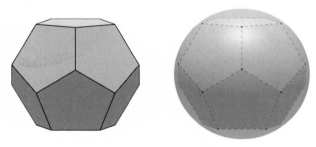

図 3.3　正十二面体と外接球

この「外接球との差の小ささ」を耳つき正多面体の丸さの基準とし，図3.4のように正十二面体の外接球と耳つき正十二面体とを重ね合わせてみます.

図 3.4

このとき，外接球からはみ出した部分を切り落とした耳つき正多面体が最も丸い耳つき正多面体であると見なしてよいでしょう. このようにしてでき

あがった図 3.5 のような立体を，**球に内接する耳つき正多面体**と呼ぶことにします．

図 **3.5** 球に内接する耳つき正多面体

3.2 球に内接する耳つき正多面体の設計

単純な円だった前章の耳つき正多面体の部品と比べ，球に内接する耳つき正多面体の部品の形は少々複雑です．球に内接する正八面体を例に，その部品の設計について考察してみましょう．

球に内接する耳つき正多面体の耳を描く円弧の半径は，図 3.6 のように外接球の**大円**とよばれる球の表面上にある最も大きな円の半径，すなわち外接球の半径と一致します．

図 **3.6** 球に内接する正八面体

ここで，正多面体の外接円に関して次の事実が成り立ちます．

正多面体の外接球の半径

一辺の長さが1の正多面体の外接球の半径は表3.1のようになる.

表3.1 正多面体の外接球の半径

正四面体	正六面体	正八面体	正十二面体	正二十面体
$\dfrac{\sqrt{6}}{4}$	$\dfrac{\sqrt{3}}{2}$	$\dfrac{\sqrt{2}}{2}$	$\dfrac{\sqrt{3}+\sqrt{15}}{4}$	$\dfrac{\sqrt{10+2\sqrt{5}}}{4}$

　では，一辺の長さがl，外接球の半径がRの正多面体に対して，球に内接する耳つき正多面体モデルの部品を設計していきましょう.

球に内接する耳つき正多面体の製作工程

(1) **正多角形の面を描く**

　第2章で紹介した方法を参考に，一辺の長さがlの正多角形を描きます.

(2) **耳を描く円弧の中心を定める**

　正多角形の隣り合う二つの頂点からともに距離がRである点をコンパスを使って求めます（図3.7は正八面体モデルの部品です）.

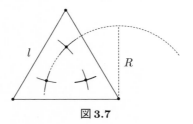

図3.7

(3) **耳を描く**

　(2)で定めた点を中心に，図3.8のように正多角形の2点を通る半径Rの円弧として耳を描くと部品が完成します.

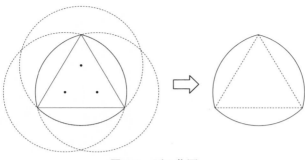

図 **3.8**　耳の作図

(4) **組み立て**

(3) で描いた図面から部品を多面体の面の数だけ作り，第 2 章と同様に組み立てていくと球に内接する耳つき正多面体モデルが完成します.

3.3　球に内接する耳つき正多面体の製作

以下で紹介するのは，5 種類の球に内接する耳つき正多面体とその部品の作図工程です. ただし，正多面体の面である正多角形の一辺の長さが l のとき，破線で描かれた円の半径は各正多面体の外接球の半径，すなわち表3.1 の l 倍の値です.

■球に内接する耳つき正四面体

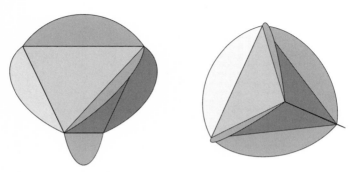

図 **3.9**　球に内接する耳つき正四面体

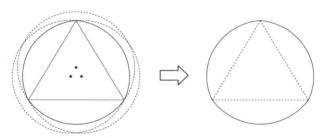

図 **3.10**　球に内接する耳つき正四面体の部品の作図

■球に内接する耳つき正六面体

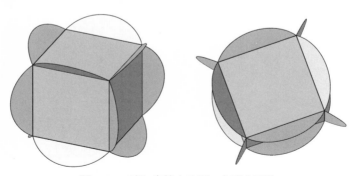

図 **3.11**　球に内接する耳つき正六面体

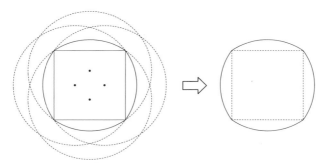

図 **3.12** 球に内接する耳つき正六面体の部品の作図

■球に内接する耳つき正八面体

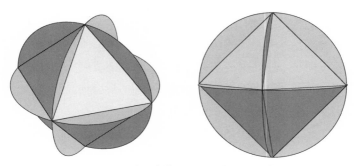

図 **3.13** 球に内接する耳つき正八面体

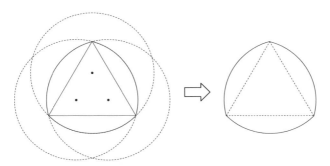

図 **3.14** 球に内接する耳つき正八面体の部品の作図

　一辺の長さがlの正八面体を頂点の方法から眺めたシルエットは一辺の長さがlの正方形です．この正八面体の外接球の半径と一辺の長さがlの正方形の外接円の半径は等しいため，この耳つき正八面体を頂点の方向から眺めたシルエットはちょうど円になります．

■球に内接する耳つき正十二面体

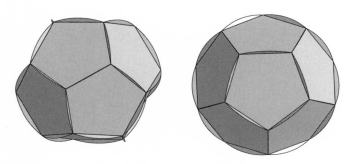

図 **3.15**　球に内接する耳つき正十二面体

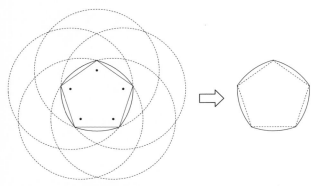

図 **3.16**　球に内接する耳つき正十二面体の部品の作図

■球に内接する耳つき正二十面体

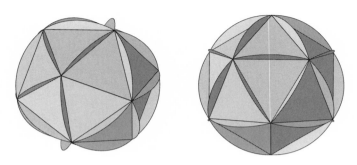

図 3.17 球に内接する耳つき正二十面体

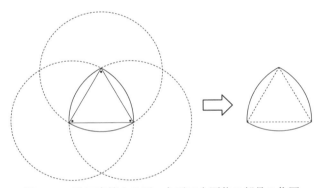

図 3.18 球に内接する耳つき正二十面体の部品の作図

正二十面体の一辺の長さを l とすると，外接球の半径 R は

$$R = \frac{\sqrt{10 + 2\sqrt{5}}}{4} l \approx 0.95l$$

であり，これらは差が5%以内の近い値です．これにより耳を描く円の中心は正三角形の頂点付近にあるため，部品の形状は**ルーローの三角形**[1] でほぼ代用可能です．

---

[1] 「ルーローの三角形」とは，正三角形の各頂点を中心に半径がその三角形の一辺となる円弧を結んでできる図形です．転がしたときに高さが一定であるという特別な性質を持っており，その形はロータリーエンジンの部品にも使用されています．

3.4　正多面体の丸さの比較

　本章では立体の丸さに注目し，正多面体を最も丸く見せる耳の形について考察してきました．しかしそれ以前に，そもそも正多面体とはどのくらい丸く，またどれが一番「丸い立体」であると考えられるでしょうか．例えば「正二十面体と正四面体」は見た目から明らかに正二十面体の方が丸いと言えそうですが，「正六面体と正八面体」，「正十二面体と正二十面体」の丸さの比較は，見た目からは必ずしも明らかとは言えません．このような，見た目による差が必ずしも明らかではないものを比較するためには，何らかの意味で「丸さ」を数値で表現して定量的に比較する方法が有効です．

　一辺の長さが1の正多面体の外接球の半径がRならば，同じ正多面体で外接球の半径が1の場合，一辺の長さが$1/R$になります．この事実と表3.1の値から，外接球の半径が1である正多面体の一辺の長さを求めると次のようになります．

┌─ **正多面体の一辺の長さ** ─────────────────────

　外接球の半径が1である正多面体の一辺の長さは表3.2のようになる．

表3.2　正多面体の一辺の長さ

正四面体	正六面体	正八面体	正十二面体	正二十面体
$\dfrac{2\sqrt{6}}{3}$	$\dfrac{2\sqrt{3}}{3}$	$\sqrt{2}$	$\dfrac{\sqrt{15}-\sqrt{3}}{3}$	$\dfrac{\sqrt{50-10\sqrt{5}}}{5}$
$=1.632\cdots$	$=1.154\cdots$	$=1.414\cdots$	$=0.713\cdots$	$=1.051\cdots$

└──────────────────────────────────

　この結果をもとに設計した部品（図3.19）を組み立てた，同じ大きさの球に内接する耳つき正多面体を並べたものが図3.20です．

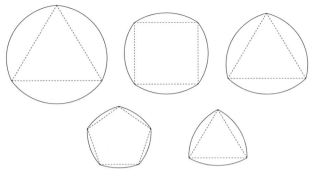

図 3.19 同じ半径の球に内接する耳つき正多面体の部品

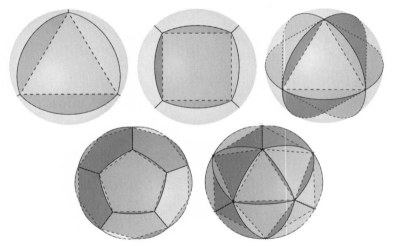

図 3.20 同じ半径の球に内接する耳つき正多面体

　できあがった耳つき正多面体を眺めてみて，5 種類の正多面体の丸さの順位付けはできたでしょうか？ 残念ながら実物を眺めてみても明らかではなさそうなので，計算によってきちんと検証してみることにしましょう．

　すでに，正多面体の「丸さ」は「球」に近いこととして定めましたが，本書ではより厳密に次のように定義することにします．

> **定義（多面体の球への近さ）.** 同じ半径の球に内接する二つの正多面体に対して，体積が大きい方をより球に近い正多面体と定める.

ここで，正多面体の体積に関して次の事実が成り立ちます.

正多面体の体積

一辺の長さが1の正多面体の体積は表3.3のようになる.

表3.3   一辺の長さが1の正多面体の体積

正四面体	正六面体	正八面体	正十二面体	正二十面体
$\dfrac{\sqrt{2}}{12}$	1	$\dfrac{\sqrt{2}}{3}$	$\dfrac{15+7\sqrt{5}}{4}$	$\dfrac{15+5\sqrt{5}}{12}$

この結果と，相似比が $m:n$ の立体の体積比が $m^3:n^3$ であること，そして表3.2よりさらに次の事実がわかります.

正多面体の体積2

外接球の半径が1である正多面体の体積は表3.4のようになる.

表3.4   外接球の半径が1の正多面体の体積

正四面体	正六面体	正八面体	正十二面体	正二十面体
$\dfrac{8\sqrt{3}}{27}$	$\dfrac{8\sqrt{3}}{9}$	$\dfrac{4}{3}$	$\dfrac{2\sqrt{15}+10\sqrt{3}}{9}$	$\dfrac{\sqrt{40+8\sqrt{5}}}{3}$

これらの値を電卓で計算すると，正多面体の丸さランキングは表3.5のようになることがわかります.

表 **3.5** 正多面体の丸さランキング

1位		2位
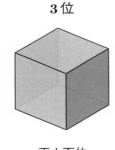		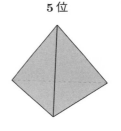
正十二面体	球	正二十面体
体積: 2.7851...	体積: 4.1887...	体積: 2.5361...
3位	**4位**	**5位**
正六面体	正八面体	正四面体
体積: 1.5396...	体積: 1.3333...	体積: 0.5132...

　ところで，第1章で紹介した切頂二十面体（図1.11）は正多面体ではありません が，外接球が存在するので正多面体と同条件で丸さを比較することができます．図3.21のような半径1の球に内接する切頂二十面体の体積は

$$\frac{16(125 + 43\sqrt{5})}{(58 + 18\sqrt{5})\sqrt{58 + 18\sqrt{5}}} \approx 3.6334\cdots$$

であることが知られているので[2]，その見た目通り正多面体の中では最も丸

---

[2] 一辺の長さが1の切頂二十面体は，第17章の式 (17.4) のように外接球の半径 r がわかれば，12個の正五角錐と20個の正六角錐に分割することにより体積を求めることができます．この値を r^3 で割った値が外接球の半径が1の切頂二十面体の体積です．

い正十二面体よりもさらに丸い多面体ということになります.

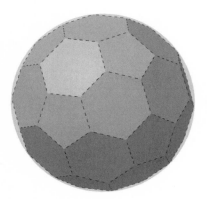

図 3.21　球に内接する切頂二十面体

第4章

正多面体の面の塗分け

　これまでの正多面体モデルの製作では，部品の形だけに注目して色については全く考慮しませんでした．もちろんどんな色の部品で作っても正多面体の形に変わりはありませんが，複数の色を使って正多面体をバランスよく色付けすることは，単なるデザインとしてだけではなく数学的にも興味深い問題です．そこで今回は，これまでに作ってきた正多面体モデルに対する数学的に美しい色付けについて考えてみましょう．ただし，これからの考察において「数学的に美しい」とは何らかの「対称性」を持つことであり，今回の問題においては「多面体の面がバランス良く塗り分けられた状態」のことをいいます．ここで「バランスが良い」とは，次のような条件がすべて満たされた状態とします．

(i) 同じ色で塗られた面は隣り合わない．
(ii) 同じ色で塗られた面の枚数が等しい．
(iii) 同じ色で塗られた面の配置がすべて等しい．

ただし，実際には (iii) が成り立てば (ii) は必ず成り立つので (ii) は条件として蛇足なのですが，塗り分けのバランスを簡単に判定できる条件としてあえて付け加えています．また，(ii) が成り立つならば同じ色で塗られた面の数は多面体の面の総数の約数になります．

4.1　四色定理

　実際に塗り分けの考察をする前に，多面体の面の塗り分けに関する有名な四色定理[1]を紹介しておきましょう．

┌─ **四色定理** ───────────────────
　平面上のいかなる地図も，高々4色[2]で隣接する国が異なる色になるように塗り分けることができる．
└──────────────────────────

　この定理を多面体の塗り分けに適用すると次のようになります．

┌─ **四色定理（多面体版）** ─────────────
　穴のない多面体の面を塗り分けるのに必要な色は高々4色である．
└──────────────────────────

　この定理から，条件 (i) ならば必ず4色あれば達成できることがわかります．しかし，条件 (ii) と (iii) を満たす塗り分けが4色以内で達成できるかどうかは四色定理からはわかりません．

4.2　正四面体の塗り分け

　地図のような平面に比べ，多面体の面の塗り分けは立体であるがゆえに全体像の確認が困難です．しかし，多面体の塗り分けで考慮しなければならないのは「隣り合う面同士の関係」だけで，必ずしも多面体そのものを眺めて考える必要はありません．

　正四面体の4枚の正三角形の面を 1, 2, 3, 4 とし，それぞれの面と接する面に「○」をつけると表4.1が完成します．

───────────────────────────

[1] 四色定理は，恐らく一般の人が知る最も有名な数学の定理の一つでしょう．定理の主張は極めて明白ですが，100年以上もの長い期間未解決だったことからもわかるように証明は非常に困難で，さらにその証明がコンピューターによってなされたことからも，まさにその名の通り異色の定理です．

[2] 数学では「○○以下」のことを「高々○○」と表現することがあります．例えば「二次方程式の実数解は高々2個である」というように用います．

表 4.1 正四面体の各面と接する面

面 \ 接する面	1	2	3	4
1		○	○	○
2	○		○	○
3	○	○		○
4	○	○	○	

　この関係は，面を表す○数字とそれらを結ぶ線で図 4.1 のように表すことができます．

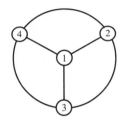

図 4.1 正四面体の隣り合う面同士の関係を表すグラフ

　数学では，このようにものの関係を線で結んで表した図を**グラフ**と呼びます．また，○で囲まれた数字の部分を**ノード**または**頂点**，それらを結ぶ線または曲線を**エッジ**または**辺**と呼びます．特に，平面上に配置されたノードと交差のないエッジでできたグラフを**平面グラフ**といいます．本書では，特に問題がない場合には平面グラフを単にグラフと呼ぶことにします．このグラフを用いて正四面体の塗り分け問題を考えてみましょう．

　まず，面 1 を色 A で塗った場合を図 4.2 のようにグラフで表します．

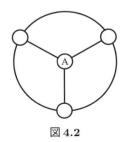

図 4.2

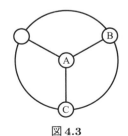

図 4.3

　次に，面2は面1と接しているので，Aとは異なる色Bで塗らなければなりません．さらに面3は面1と面2の両方に接しているので，AともBとも異なる色Cで塗らなければならず，グラフで表すと図4.3のようになります．

　最後に面4ですが，この面はすべての面に接しているので図4.4のように新しい色Dで塗る必要があります．

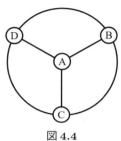

図4.4

　以上のように，条件 (i) を満たすような塗り分けは，4色で全ての面の色が異なるように塗ることだということがわかりました．また，この塗り分けが条件 (ii) と (iii) も満たしていることは明らかです．

　これをもとに，第1章の正四面体の部品の面に色付けすると図4.5のようになります．ただし，○がついたアルファベットのある三角形は組み立てたときに面として表面にくるもの，それ以外は重なって見えない部分です．

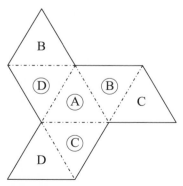

図4.5　正四面体部品の塗り分け

　こうしてできた塗り分けられた正四面体の実物を参考に，4色の部品を使って第2章と第3章で作った耳つき正四面体の色付けにも挑戦してみましょう．

4.3 正六面体の塗り分け

　面に1から6までの番号をつけた正六面体の隣り合う面同士の関係を表したものが，表4.2と図4.6です．

表4.2 正六面体の各面と接する面

面 ＼ 接する面	1	2	3	4	5	6
1		○	○	○	○	
2	○		○	○		○
3	○	○			○	○
4	○	○			○	○
5	○		○	○		○
6		○	○	○	○	

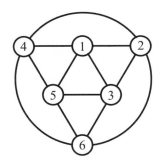

図4.6 正六面体の隣り合う面同士の関係を表すグラフ

　ここで，図4.7左図のように，面1の色をAとすると，面2と面3はそれぞれAとは異なる色B，Cで塗られていなければなりません．次に面4はA，Bとは異なる色でなければなりませんが，面3とは接していないのでCで塗ることができます．最後に面5と面6をそれぞれB，Aで塗ると，図4.7右図

のように条件 (i) と (ii) を満たす塗り分けが達成されます．また (iii) が成り立つことも，このグラフからわかります．

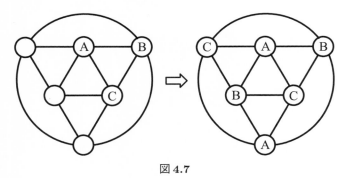

図 4.7

　ここで，条件 (ii) を満たす正六面体の塗り分けの色数は 6 の約数でなければならないので，4 色や 5 色とはなり得ません．また，6 色で塗り分けられることは明らかなので，以降は面の数よりも少ない色数での塗り分けのみを考えることにします．このようにして得られた正六面体の 3 色による塗り分けの部品は，図 4.8 のようになります．

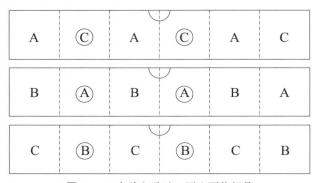

図 4.8　3 色塗り分けの正六面体部品

4.4　正八面体の塗り分け

　面に 1 から 8 までの番号をつけた正八面体の隣り合う面同士の関係を表したものが，表 4.3 と図 4.9 です．

表 4.3 正八面体の各面と接する面

面 \ 接する面	1	2	3	4	5	6	7	8
1		○	○	○				
2	○				○	○		
3	○				○		○	
4	○					○	○	
5		○	○					○
6		○		○				○
7			○	○				○
8					○	○	○	

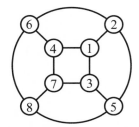

図 4.9 正八面体の隣り合う面同士の関係を表すグラフ

正八面体の面の数は 8 なので，条件 (ii) を満たす塗り分けができるならば，その色数は 1 と 8 以外の 8 の約数である 2 色か 4 色に限られますが，正四面体や正六面体の場合と同様の考察によって，図 4.10 と図 4.11 のようにどちらの場合の塗り分けも可能です．

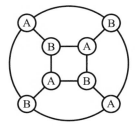

図 4.10　2 色の塗り分けのグラフ

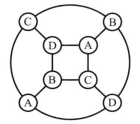

図 4.11　4 色の塗り分けのグラフ

このとき，2色と4色による塗り分けの部品はそれぞれ図4.12と図4.13のようになります．

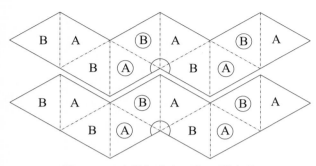

図4.12　2色塗り分けの正八面体部品

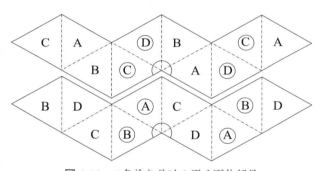

図4.13　4色塗り分けの正八面体部品

4.5　正十二面体の塗り分け

面に1から12までの番号をつけた正十二面体の隣り合う面同士の関係を表したものが，表4.4と図4.14です．

表 4.4 正十二面体の各面と接する面

面 \ 接する面	1	2	3	4	5	6	7	8	9	10	11	12
1		○	○	○	○	○						
2	○		○			○	○	○				
3	○	○		○			○		○			
4	○		○		○				○	○		
5	○			○		○				○	○	
6	○	○			○			○			○	
7		○	○					○	○			○
8		○				○	○				○	○
9			○	○			○			○		○
10				○	○				○		○	○
11					○	○		○		○		○
12							○	○	○	○	○	

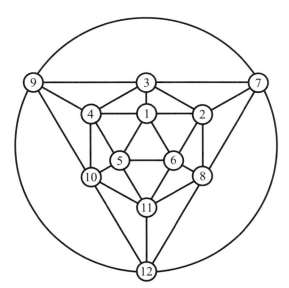

図 4.14 正十二面体の隣り合う面同士の関係を表すグラフ

正十二面体の面の数は 12 なので, 条件 (ii) を満たす塗り分けができるなら
ば, その色数は 1 と 12 以外の 12 の約数である 3 色か 4 色に限られます. し
かし, 条件 (i) を満たすような 3 色での塗り分けは不可能です. 実際, 面 1,
2, 3 はそれぞれ異なる色 A, B, C で塗られますが, もし 3 色しか使えないな
らば, 面 7, 4, 6 はそれぞれ A, B, C で塗られなければなりません. しかし,
図 4.15 のように面 8 はすでに A, B, C で塗られた面に接しているので, 4 色
目の色を使わなければ (i) が成り立たなくなってしまいます.

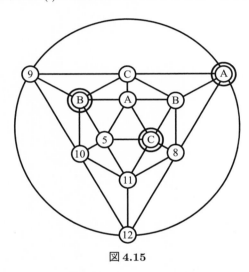

図 4.15

一方, (i) を満たすような 4 色での塗り分けは図 4.16 のように可能です.

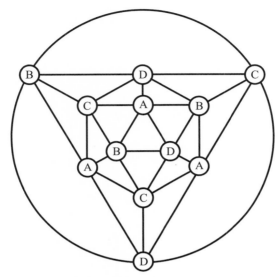

図 **4.16** 4 色の塗り分けのグラフ

このとき，正十二面体を組み立てる部品の配色は図 4.17 のようになります．

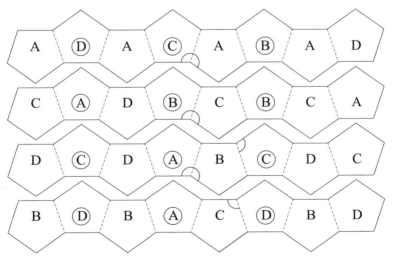

図 **4.17** 4 色塗り分けの正十二面体部品

4.6　正二十面体の塗り分け

　面に1から20までの番号をつけた正二十面体の隣り合う面同士の関係を表したものが，表4.5と図4.18です.

表4.5　正十二面体の各面と接する面

	1	2	3	4	5	6	7	8	9	10	11	12	13	14	15	16	17	18	19	20
1		○	○	○																
2	○				○	○														
3	○						○	○												
4	○								○	○										
5		○								○	○									
6		○					○					○								
7			○			○							○							
8			○						○					○						
9				○				○							○					
10				○	○											○				
11					○							○				○				
12						○					○							○		
13							○							○				○		
14								○					○						○	
15									○							○	○			
16										○	○				○					
17															○				○	○
18												○	○							○
19														○			○			○
20																	○	○	○	

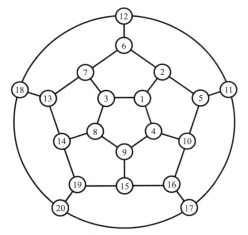

図 4.18 正二十面体の隣り合う面同士の関係を表すグラフ

　正二十面体の面の数は 20 なので，条件 (ii) を満たす塗り分けは 4 色か 5 色です．実際には，図 4.19 と図 4.20 のようにどちらの場合も条件 (iii) を満たす塗り分けが可能です．

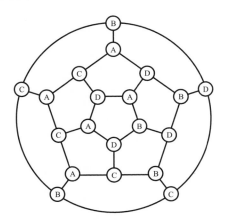

図 4.19 4 色の塗り分けのグラフ

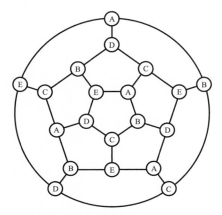

図4.20 5色の塗り分けのグラフ

このとき，4色と5色で塗り分けられた正二十面体を組み立てる部品の配色は，それぞれ図4.21と図4.22のようになります．

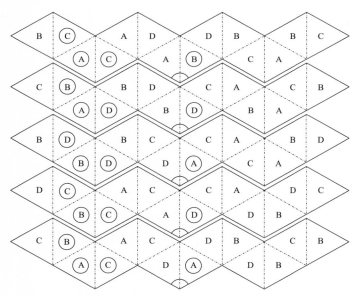

図4.21 4色塗り分けの正二十面体部品

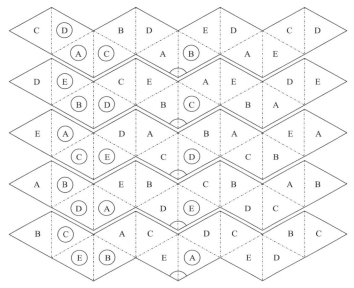

図4.22 5色塗り分けの正二十面体部品

4.7 正多面体とグラフ

正十二面体の辺を伸び縮みするゴム紐のようなものと考えて一つの正五角形の面を広げていくと，図4.23右端の図のようなグラフができあがります．

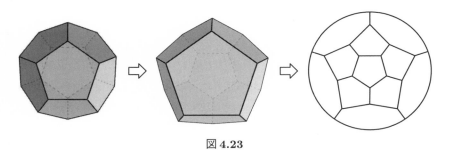

図4.23

ただし，図ではノードを単なるエッジの交点として描いています．

　他の正多面体も同様の操作によって図4.24から4.27のようなグラフとして表されます.

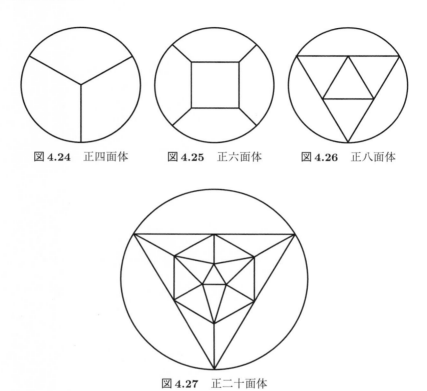

図4.24　正四面体　　図4.25　正六面体　　図4.26　正八面体

図4.27　正二十面体

　これらのグラフにおいて，ノードは正多面体の頂点，エッジは辺，エッジに囲まれた（内部にノードがない）部分は面に対応しており，円で囲まれたグラフの外側もエッジで囲まれた部分であると見なすと，正四面体，正八面体，正二十面体のグラフは外部に一つ三角形の面が，正六面体のグラフは外部に四角形の面があると考えることができます.

　ところで，正多面体の塗り分けで使用したグラフでは「ノードを正多面体の面」と見なしており，「ノードを正多面体の頂点」と見なしたグラフとは別物のはずです.しかし実際には，正四面体のグラフは全く同じ，その他の正多面体のものも異なってはいるものの，よく見ると，正六面体と正八面体，

正十二面体と正二十面体のグラフはそれぞれ入れ替えると全く同じものであることがわかります.

　異なる解釈で作った二つのグラフですが, エッジはともに正多面体の辺と見なし, エッジで囲まれた部分は「頂点」と「面」が入れ替わったものとして対応していることに注意すると, 次のような正多面体の興味深い事実がわかります.

> **定義 (双対多面体).** ある多面体の頂点と面を入れ替えてできる多面体を**双対多面体**, この二つの多面体の関係を**双対**という.

― 正多面体の双対 ―

正四面体の双対は自分自身, 正六面体は正八面体, 正十二面体は正二十面体とそれぞれ双対の関係にある.

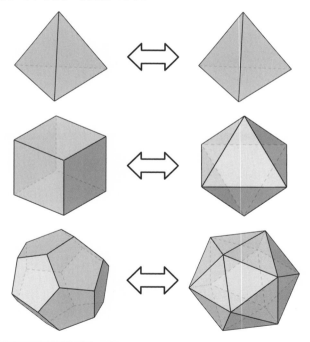

第5章

円盤で作る正多面体

　第1章では，特別な条件を満たす多面体として正多面体を定義し，これまでいくつかの正多角形モデルを作ってきましたが，そもそも「多面体」とは一体何なのでしょうか？　本章ではこれまで曖昧にしてきた多面体の定義を確認し，その定義に忠実な方法で正多面体モデルを作ってみましょう．

5.1　正多面体の定義

> **定義（多面体）．** 四つ以上の平面で囲まれた立体のことを**多面体**という．

　まずはじめに，多面体の定義にある「平面で囲まれた立体」とは何かを理解するため，次の事実を確認しておきます．

- 2枚の平行でない平面は直線で交わる（図5.1）．
- 3枚の平行でない平面は1点で交わる（図5.2）．

図 5.1　2 枚の平面の交わり　　　　図 5.2　3 枚の平面の交わり

　これらにより，3 枚以下の平面では「囲まれた立体」が作れないことがわかります．そこに，4 枚目として「他の 3 枚の平面と平行ではない」かつ「他の 3 枚の平面の交点を通らない」の条件を満たす平面を追加すると，図 5.3 のように 4 枚の平面で囲まれた立体である**四面体**が作られます．

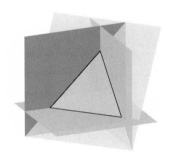

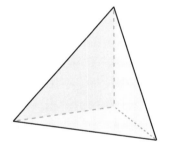

図 5.3　4 枚の平面で囲まれる四面体

　ところで，4 枚目の平面の条件の少なくとも一方が成り立たなければ「囲まれた立体」はできないので，四面体は面の数が最小の多面体です．

　それでは，実際に正多面体が平面で囲まれて作られることを工作によって確かめてみましょう．ただし，果てしなく続く平面の代わりに，ここでは平面に見立てた円盤の部品を使います．このような円盤の部品で作られる多面体を本書では**円盤多面体**と呼ぶことにします．

5.2   円盤正四面体の組み立て

円盤正四面体は，平面に見立てた4枚の円盤で囲まれてできる図5.4のような立体です．

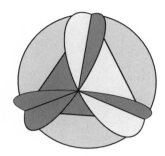

図 **5.4**   円盤正四面体

このモデルは，図5.5のような正三角形の辺に沿って切り込みを入れた円形部品4枚を使って組み立てます．

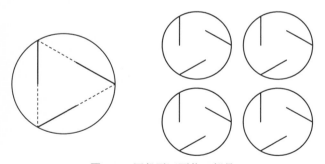

図 **5.5**   円盤正四面体の部品

切り込みは正三角形の各辺の半分まで入っており，図5.6のようにこれらを組み合わせることによって平面に見立てた円盤の交差を実現します．

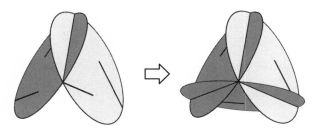

図 5.6

このとき図 5.6 から，2 枚の円盤部品の交差が直線，すなわち多面体の辺となり，3 枚の円盤部品が 1 点で交わった所が多面体の頂点になることが確認できます．さらに 4 枚目の平面に相当する円盤部品を組み立てると，図 5.7 のように多面体の定義通り 4 枚の面で囲まれた正四面体ができあがります．

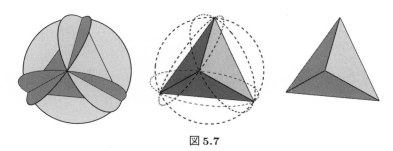

図 5.7

円盤正多面体の組み立ては，これまでのモデルと比べて少し難易度が上がります．特に面の数が多いモデルの組み立てには，ある程度の手先の器用さが必要かもしれません．以下の点に注意して，根気よくステップアップしながら挑戦してみてください．

円盤正多面体製作時の注意

- 部品の材料にはケント紙などの丈夫で厚目の紙を使いましょう．
- 部品を差し込む切り込みは，紙の厚みを考慮して 0.5mm 程度の幅をもった溝にします．さらに組み立て時に必要な遊びを持たせるた

> め，溝の長さは各辺の半分よりも少しだけ長くするとよいでしょう．
> - 組み立てには先が細くしっかりつまめるピンセットを使用し，部品
>   同士が少し浅めに差し込まれた状態で全体を組み立てた後，形を
>   整えながら深く差し込んでいくと歪みが少なくきれいに仕上がり
>   ます．

5.3　円盤正六面体の組み立て

円盤正六面体は，平面に見立てた6枚の円盤で囲まれてできる図5.8のような立体です．

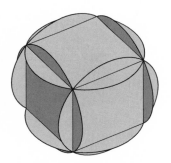

図 5.8　円盤正六面体

このモデルは，正方形の辺に沿って切り込みを入れた図5.9のような円形部品6枚を使って組み立てます．

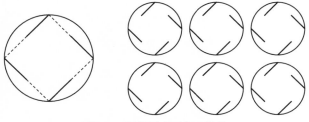

図 5.9　円盤正六面体の部品

円盤正四面体と同様に，図5.10を参考にしながら3枚の円盤部品が1点で交わって頂点を作るように組み立てていきます．

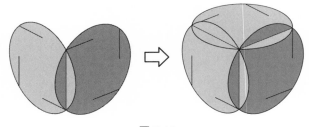

図 5.10

こうして6枚の平面に相当する円盤部品を組み立てると，図5.11で確認できるように，多面体の定義通り6枚の面で囲まれた正六面体ができあがります．

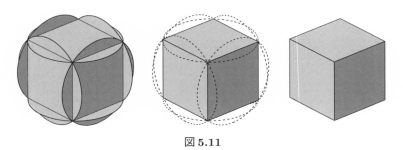

図 5.11

5.4　円盤正八面体の組み立て

円盤正八面体は，平面に見立てた8枚の円盤で囲まれてできる図5.12のような立体です．

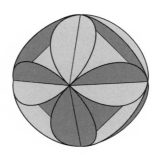

図 5.12   円盤正八面体

　このモデルは，円盤正四面体モデルと同じ部品を 8 枚使って組み立てます．ただし，4 枚の正三角形の面が接する正八面体の頂点は，図 5.13 のように 4 枚の平面が 1 点で交わるように円盤部品を組み合わせていきます．

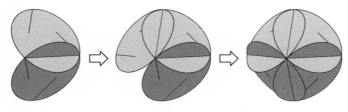

図 5.13

　こうして 8 枚の平面に相当する円盤部品を組み立てると，図 5.14 のように，8 枚の面で囲まれた正八面体ができあがります．

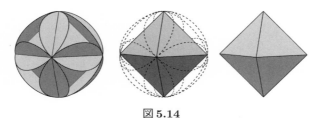

図 5.14

5.5　円盤正十二面体の組み立て

円盤正十二面体は，平面に見立てた 12 枚の円盤で囲まれてできる図 5.15 のような立体です．

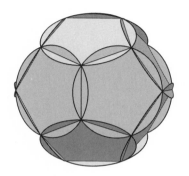

図 5.15　円盤正十二面体

このモデルは，正五角形の辺に切込みを入れた図 5.16 を参考に円形部品 12 枚を使って組み立てます．

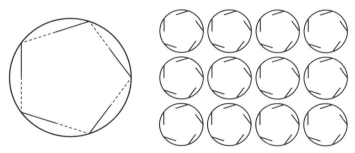

図 5.16　円盤正十二面体の部品

円盤正四面体や円盤正六面体と同様に，図 5.17 のように 3 枚の円盤が 1 点で交わって頂点を作るように組み立てていきます．

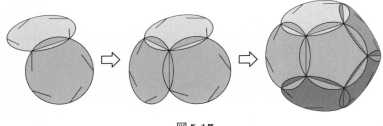

図 5.17

　部品の数が増えるので工程は複雑になり組み立て途中は不安定ですが，ピンセットを駆使して根気強く部品を組み合わせていくと，完成したモデルはしっかりと安定したものになります．

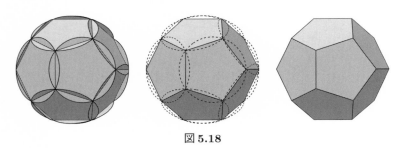

図 5.18

　この立体は，図5.18でも確認できる通り正十二面体を構成する面を円盤で表しただけの単なる数学モデルですが，実物を手にとって眺めると，その造形はデザインとしても洗練されている[1]と感じられないでしょうか．実際，円盤にアレンジを加えた部品を同様に組み立てたものは，ランプシェードとして比較的ポピュラーなデザインです．

5.6　円盤正二十面体

　ここまで，円盤部品を使って正四面体から正十二面体まで四つのモデルを組み立ててきました．当然，次に組み立てるべきモデルは**円盤正二十面体**で

---

[1] 「洗練」は数学的に定義された用語ではありませんが，数学的に美しい構造を持つデザインは洗練されていると見なしてよいかも知れません．

あり，部品は円盤正四面体や円盤正八面体と同じもののはずです．ところが，正二十面体の構造に従って5枚の部品が1点に集まるように組み合わせていくと，どうしても部品が歪んでしまってきれいな形に仕上がりません．実は，これは部品の精度や組み立て方法に原因があるのではなく，設計そのものに問題があります．

円盤正四面体と円盤正八面体の部品の「円」は，もとになる正多面体の正三角形面の外接円と一致しています（したがって，実は円盤正多面体は球に内接するモデルでもあります）．「円盤正二十面体」の場合も同様だとすると，できあがる立体は図5.19の右端の図のようになりますが，これは他の二つと比べて明らかに「複雑」です．

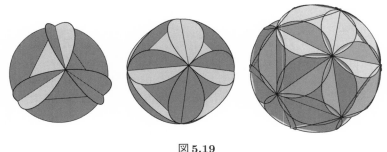

図 5.19

この複雑さは，1枚の円盤が他の円盤と交わる枚数の違いによるものだと考えられ，その枚数は円盤正四面体と円盤正八面体の「3」に対して，円盤正二十面体は3倍の「9」です．ここで，円盤部品同士の切り込みを組み合わせて面同士の交わりが表されることに注意すると，「3本の切り込みしかない部品では1枚の円盤が他の9枚と交わる円盤正二十面体モデルを組み立てることは不可能」であることがわかります．

5.7 円盤二十・十二面体の組み立て

五つの正多面体のうち最も面の数が多い正二十面体の円盤多面体モデルは，他の四つと同様の方法では組み立てることができませんでした．しかし，二十・十二面体と呼ばれる図5.20右図のようなより複雑な多面体があ

り，その円盤モデルである**円盤二十・十二面体**は，これまでに組み立てた円
盤正多面体モデルと同じ部品を使って組み立てることができます．

 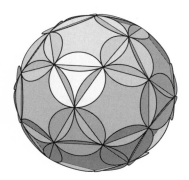

図 **5.20**　二十・十二面体　　図 **5.21**　円盤二十・十二面体

　　二十・十二面体とは，その名の通り正二十面体と正十二面体を組み合わせ
たような多面体で，一辺の長さが等しい 20 枚の正三角形と 12 枚の正五角形
でできています．二十・十二面体は，正多面体の条件 (i) を満たしていない
ので正多面体ではありませんが，正多面体に準じた対称性を持つ**半正多面
体**[2) と呼ばれる多面体です．第 1 章で登場した切頂二十面体も半正多面体の
一種です．
　　円盤二十・十二面体モデルの部品となる 2 種類の円盤は，一辺の長さが等
しい正三角形と正五角形の外接円です．第 2 章の表 2.3 の値より，これらの
外接円の半径をそれぞれ r_3, r_5 とすると，その比は

$$\frac{r_5}{r_3} = \frac{\sqrt{150 + 30\sqrt{5}}}{10} = 1.473 \cdots$$

すなわち，正五角形面の円盤部品の半径は，次のように正三角形面のものの
約 1.47 倍とすればよいことになります．

[2) [3] で半正多面体の成り立ちが図でわかりやすく説明されています．

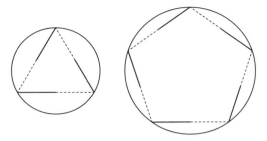

図 5.22 円盤二十・十二面体の部品

これを実践して部品を設計すると，2種類の部品の外接円の半径と一辺の長さは，例えば表5.1のようになります．

表 5.1 円盤二十・十二面体の部品の寸法

正三角形の外接円の半径 (mm)	10	15	20	25	30
正五角形の外接円の半径 (mm)	14.7	22.1	29.5	36.8	44.2
一辺の長さ (mm)	17.3	26.0	34.6	43.3	52.0

ただし，第2章の表2.3の値より，表の「一辺の長さ」は「正三角形の外接円の半径」の $\sqrt{3} \approx 1.73$ 倍になっています．

第6章

多角形部品で作る星型多面体

6.1　星型八面体の組み立て

　円盤正多面体モデルは，平面に見立てた円盤部品を使って「平面で囲まれた立体」という多面体の定義を確認するためのものでした．その意味では「円盤」という部品の形は特別な意味を持つものではありません．そこで，図 6.1 のように円盤部品の円を**内接円**に持つ正三角形に拡張した部品 8 枚を使い，同様の方法で正八面体モデルを組み立ててみましょう．

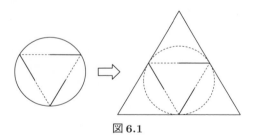

図 6.1

　組み立て方は，図 6.2 の通り円盤正八面体と同じです．

図 6.2

でき上がったモデルを眺めて次のことを確認しておきましょう.

- **正三角形部品の3辺は他の部品の辺と接している**

  部品の正三角形は,円盤正八面体モデルの部品と部品のすき間をちょうど埋める形になっています.その結果,この立体は図6.3のように正八面体の各面に「角^{つの}」をつけたような形になっています.

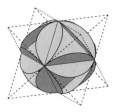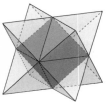

図 6.3

- **8枚の平面で囲まれた「多面体」である**

  正八面体と同一の8枚の平面で囲まれたこの立体も,多面体の一種と考えられます.正八面体の各面に三角錐の「角」を付けたような凸でないこの多面体のことを,本書では**星型八面体**と呼ぶことにします.

- **二つの正四面体が重なり合った立体である**

  星型八面体は,二つの正四面体が重なり合った形をしています.このような多面体を**複合多面体**と呼びます.

- **正六面体の中にぴったりと収まる**

  星型八面体は,図6.4のように「角」の先端を頂点とする正六面体の枠にぴったりと収まります.

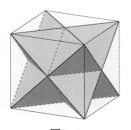

図 6.4

これより，正四面体が正六面体の枠にぴったりと収まることもわかります．さらに，正六面体の各面の中心（正方形の対角線の交点）を結ぶと正八面体ができること，すなわち，第4章で紹介した「正六面体の双対多面体が正八面体であること」が異なる視点から確認できます．

■ 8枚の面で囲まれる多面体

「面で囲まれてできる立体」という視点から，正八面体と星型八面体を構成する面の形について詳しく考察してみましょう．

(i) 正八面体の8枚の面を $F_1, \ldots, F_8$ とします．ただしこれらの面は次の関係を満たしているとします．

$$F_1 \parallel F_2, \quad F_3 \parallel F_4, \quad F_5 \parallel F_6, \quad F_7 \parallel F_8$$

（「$\parallel$」は「平行」を意味する記号です．）

(ii) $F_1, \ldots, F_8$ を延長してできる平面をそれぞれ $P_1, \ldots, P_8$ とします．ここで，F_7 と平行なのは F_8 だけなので，P_7 は P_1 から P_6 の6枚の平面と交わります．

(iii) $P_1, \ldots, P_6$ と P_7 の交わりの直線を $l_1, \ldots, l_6$ とします．$l_1 \parallel l_2$, $l_3 \parallel l_4$, $l_5 \parallel l_6$ より，P_7 上でこれらの直線は図6.5のような位置関係になります．

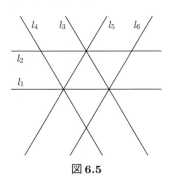

図 6.5

(iv) 図6.6の3本の直線 $\{l_1, l_3, l_5\}$ で囲まれた三角形が，平面 P_7 上で3枚の平面 $\{P_1, P_3, P_5\}$ で囲まれた正八面体の面になります．

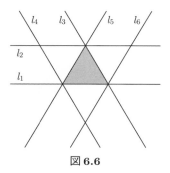

図 6.6

(v) 図6.7の3組の3本の直線 $\{l_1, l_4, l_6\}$, $\{l_2, l_4, l_5\}$, $\{l_2, l_3, l_6\}$ で囲まれた三
   つの正三角形が，平面 P_7 上で3組の3枚の平面 $\{P_1, P_4, P_6\}$, $\{P_2, P_4, P_5\}$,
   $\{P_2, P_3, P_6\}$ で囲まれた星型八面体の面になります．

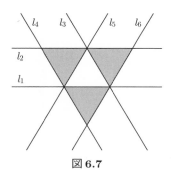

図 6.7

　　星型八面体モデルの部品は，1枚でこの3枚の面を表しているので，星
　　型八面体の面の数は $3 \times 8 = 24$ となります．

　正八面体と星型八面体は，同じ8枚の平面で囲まれた兄弟のような多面体
です．平面に「表」と「裏」があると見なし，正八面体を囲ったときに外側
になる方を表としたとき，裏面が外側になるように囲まれる立体が星型八面
体となります．ちなみに，正四面体と正六面体については，これらの多面体
を囲む平面の裏側では立体を囲むことができないので，正八面体のような星
型の兄弟は存在しません．

6.2　星型十二面体の組み立て

　正八面体に対する星型八面体のように，「正十二面体を囲む12枚の平面で
囲まれた多面体」はどのような立体になるのでしょうか．また，星型八面体
モデルを組み立てる部品となった正三角形に対して，十二面体の場合には部
品はどのような形になるのでしょうか．

　結論から述べると，星型八面体の正十二面体版である**星型十二面体**は，図
6.8のような円盤正十二面体の部品の正五角形の各辺を延長してできる星型
の部品12枚を，円盤正十二面体と同様に組み立ててできる図6.9のような立
体です．

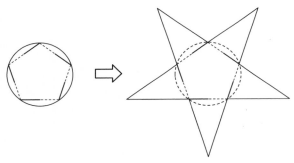

図 **6.8**

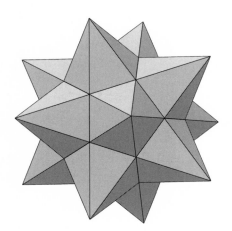

図 **6.9**　星型十二面体

　第5章の円盤正十二面体モデルが組み立てられれば，本質的に同じ平面を
表す部品で構成されたこの星型十二面体モデルも難なく組み立てられるで
しょう．ただし，「角」部分の正五角錐の面と面との間にどうしてもすき間
が出来てしまうため，側面同士をつなぐのりしろをつけた図6.10のような部
品を使い，組み立てた後にのりしろ部分を接着すると，よりきれいに仕上が
ります．

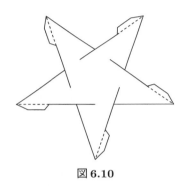

図6.10

■ 12枚の面で囲まれる多面体

　星型八面体のように，正十二面体と同じ12枚の平面で囲まれる星型十二
面体の面の構造について考察してみましょう．

　図6.11のように，正十二面体の上部の面を F_{11}，底部の面を F_{12}，これら
を延長してできる平面をそれぞれ P_{11}, P_{12} とします．

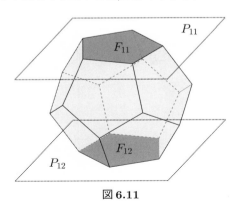

図6.11

さらに，F_{11} に接する 5 枚の面を F_2, F_4, F_6, F_8, F_{10}, これらを延長して
できる平面を P_2, P_4, P_6, P_8, P_{10} とします．このとき，これらの平面と F_{11}
との交わりの直線 l_2, l_4, l_6, l_8, l_{10} は図 6.12 のようになります．

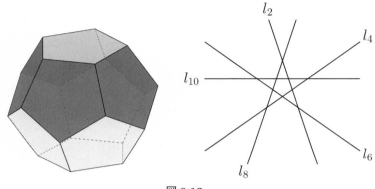

図 **6.12**

一方，F_2, F_4, F_6, F_8, F_{10} の反対側にある平行な面をそれぞれ F_1, F_3, F_5,
F_7, F_9, これらを延長してできる平面を P_1, P_3, P_5, P_7, P_9 とすると，これ
らの平面と F_{11} との交わりの直線 l_1, l_3, l_5, l_7, l_9 は図 6.13 右図の実線のよう
になります．

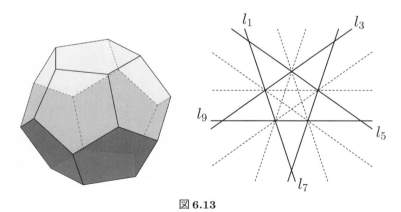

図 **6.13**

以上より，平面 P_{11} とその他の平面との交わりは図 6.14 のように 10 本の
直線 $l_1, \ldots, l_{10}$ で表されることがわかります．

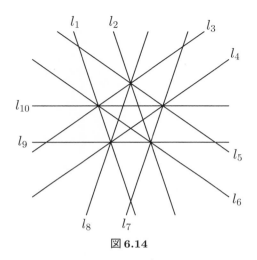

図 **6.14**

では，これらの直線によって囲まれた多角形の面によって構成される多面体は，どのような形になるでしょうか．正八面体の場合，このような多面体は自分自身と星型八面体の 2 種類でしたが，正十二面体の場合には，以下で紹介するように自分自身の他に 3 種類の星型十二面体が存在します．

■正十二面体の面

P_{11} 上で図 6.15 左図のように 5 本の直線

$$\{l_2, l_4, l_6, l_8, l_{10}\}$$

によって囲まれた正五角形が作られます．その他の平面上でも同様に正五角形が作られ，こうしてできた 12 枚の正五角形で囲まれた多面体が正十二面体です．この正十二面体は，12 枚の平面 $P_1, \ldots, P_{12}$ で囲まれてできる最小の多面体です．

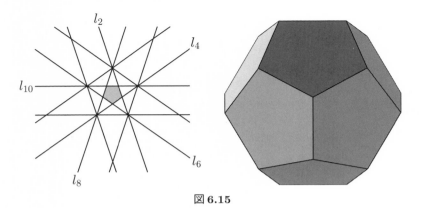

図 **6.15**

■小星型十二面体の面

P_{11} 上で，図 6.16 左図の 5 組の 3 本の直線

$$\{l_2, l_8, l_{10}\}, \quad \{l_4, l_{10}, l_2\}, \quad \{l_6, l_2, l_4\}, \quad \{l_8, l_4, l_6\}, \quad \{l_{10}, l_6, l_8\}$$

によって五つの二等辺三角形の組が作られます．これらの中心に正五角形を加えてできる星型が図 6.8 の部品であり，それを組み立ててできた図 6.9，図 6.16 右図の星型十二面体が，図 6.16 左図に対応する星型多面体です．

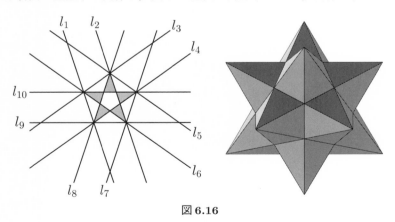

図 **6.16**

　この多面体は正式には**小星型十二面体**と呼ばれ，一つの平面上に五つの二等辺三角形，合計「$5 \times 12 = 60$」枚の二等辺三角形で構成されています．

■大十二面体の面

P_{11} 上で，図 6.17 左図の 5 組の 3 本の直線

$$\{l_1, l_6, l_8\}, \quad \{l_3, l_8, l_{10}\}, \quad \{l_5, l_{10}, l_2\}, \quad \{l_7, l_2, l_4\}, \quad \{l_9, l_4, l_6\}$$

によって五つの二等辺三角形の組が作られます．その他の平面上でも作られる同様の二等辺三角形の組を加えた合計 60 枚の二等辺三角形で囲まれた図 6.17 右図のような立体が，**大十二面体**と呼ばれる多面体です．

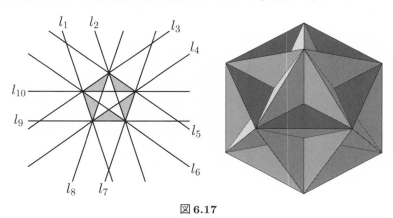

図 6.17

大十二面体は，正十二面体を囲む平面と同じ 12 枚の平面で囲まれる 3 番目の多面体です．

■大星型十二面体の面

P_{11} 上で，図 6.18 左図の 5 組の 3 本の直線

$$\{l_1, l_3, l_5\}, \quad \{l_3, l_5, l_7\}, \quad \{l_5, l_7, l_9\}, \quad \{l_7, l_9, l_1\}, \quad \{l_9, l_1, l_3\}$$

によって作られる五つの二等辺三角形の組と，他の 11 枚の平面上でも同様に作られる合計 60 枚の二等辺三角形で囲まれた 6.17 右図のような立体が，**大星型十二面体**と呼ばれる多面体です．この多面体は，正十二面体を囲む平面と同じ 12 枚の平面で囲まれる最大の立体です．

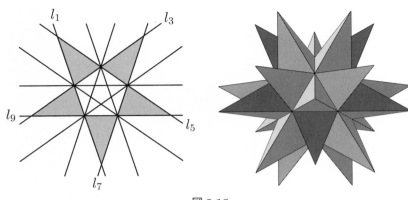

図 6.18

　ここで紹介した3種類の星型十二面体のうち，大十二面体と大星型十二面体は小星型十二面体のような切り込みを入れた部品では製作しませんが，第14章で別の方法を用いて製作します．

6.3　星型二十面体の組み立て

　第5章では，他の円盤正多面体と同様の方法では「円盤正二十面体」を作ることができないことを確かめました．これは，正二十面体の頂点付近で円盤部品同士が複雑に交わってしまうことが原因でしたが，もしも部品の形が円盤でなければ，そのような問題を回避することが可能です．

　例えば，部品が図6.19左図のような正六角形ならば，各部品は他の3枚の部品としか交わりません．この部品を正二十面体の構造通り一つの頂点に5枚の平面が集まるように組み立ててゆくと「円盤正二十面体」もとい「正六角形正二十面体」とでも呼ぶべき図6.19右図の立体ができあがります．

 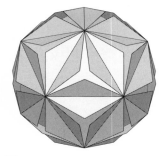

図 **6.19**

しかし，このモデルは部品同士の間にすき間があり面で囲まれた立体では
ないので多面体とは呼べません．そこで，このすき間を埋めるように正六角
形の部品を図 6.20 左図のように少し変形すると，図 6.20 右図のような 20 枚
の面で囲まれた**小三角六辺形二十面体**とよばれる**星型二十面体**ができあがり
ます．

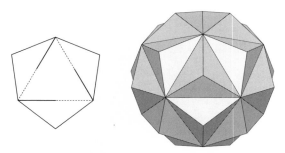

図 **6.20** 六角形部品と小三角六辺形二十面体

この六角形は，p を式 (6.1) で与えられる値とし，図 6.21 のように，底辺と
等辺の比が「$1 : p$」である二等辺三角形を正三角形の各辺に付け足したも
のです．

$$p = \frac{\sqrt{10}}{5} = 0.632 \cdots \tag{6.1}$$

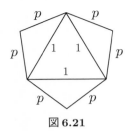

図 6.21

　小三角六辺形二十面体の組み立ては図 6.19 のモデルと同様で，図 6.22 の
ように一つの頂点に 5 枚の面が集まるように組み立てていくだけです．

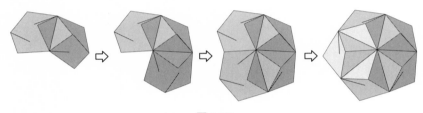

図 6.22

図 6.23　小三角六辺形二十面体

　小星型二十面体の場合と同様に，「角」となる正三角錐の側面の間に多少
のすき間ができるかもしれませんが，頂点があまり尖っていないのでそれほ
ど目立ちません．

■20枚の面で囲まれる多面体

　小三角六辺形二十面体は，正二十面体を囲む平面と同じ20枚の平面で囲まれた星型二十面体の一つです．すでに紹介したように，正八面体に対する星型八面体は1種類，正十二面体に対する星型十二面体は3種類ありましたが，正二十面体に対しては58種類もの星型二十面体があることが知られています．では，正十二面体の星型の場合と同様に，正二十面体の1枚の面を延長してできる平面と，その他の面を延長してできる平面との交わりの直線の配置を調べてみましょう．

　正十二面体の向かい合う面は平行なので，図6.24の正十二面体の上部の面 F を延長してできる平面 P とその他の平面との交わりである直線は18本になります．

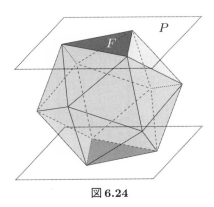

図 6.24

　まず，F と辺を共有する3枚の面（図6.25左図）を含む平面と P との交わりは，図6.25右図のような3本の直線です．

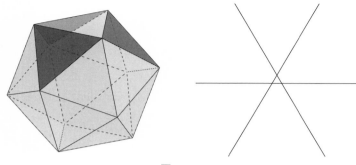

図 **6.25**

　次に，F と頂点を共有する6枚の面（図6.26左図）を含む平面と P との交わりは，図6.26右図の6本の実線になります．

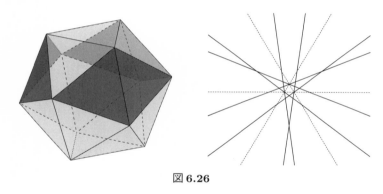

図 **6.26**

　F とは接しない残り9枚の平面の中で，底の面と頂点のみを共有する6枚の面（図6.27左図）を含む平面と P との交わりの直線は，図6.27右図の6本の実線になります．

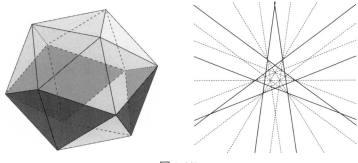

図 6.27

　最後に，底の面と辺を共有する3枚の面（図6.28左図）を含む平面と P との交わりの直線は，図6.28右図の3本の実線になります．

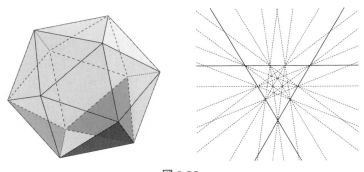

図 6.28

　このようにして描かれた図6.29の18本（またはその一部）の直線によって囲まれた多角形の面によって構成される多面体が，星型二十面体です．

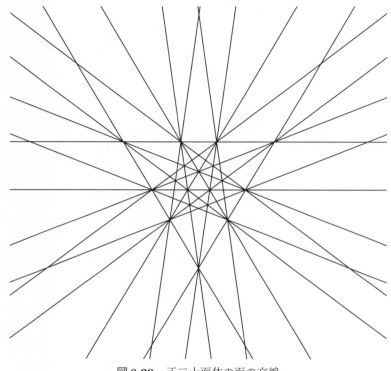

図 **6.29** 正二十面体の面の交線

　本章で製作した小三角六辺形二十面体は，正二十面体自身を除く 58 種類の星型二十面体の中で最も単純で製作しやすい立体です．その他の星型多面体はかなり複雑な形状をしており，モデルを製作するのはおろか，絵で描くことすら困難なものがほとんどです．また，大半のものには名前もついておらず，面の形に応じた記号[1] で区別されます．以下では，星型二十面体の中でも比較的形がイメージしやすいものを，英語名と記号，一枚の平面上で囲まれる面の形とともに紹介していきます．また，その中の一部は第 15 章で実際にモデルを製作します．なお，本書で与えた多面体の名称の中には一般的ではないものもあります．

---

[1] 記号の意味については [2] などを参照してください．

■正二十面体 (icosahedron) / 記号 A

正二十面体を囲む 20 枚の平面で囲まれる最小の多面体です.

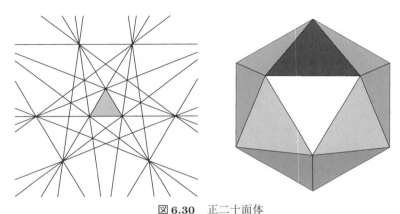

図 **6.30** 正二十面体

■小三角六辺形二十面体 (small triambic icosahedron) / 記号 B

本章で製作した小三角六辺形二十面体は, 正二十面体を囲む 20 枚の平面で囲まれる 2 番目の多面体です.

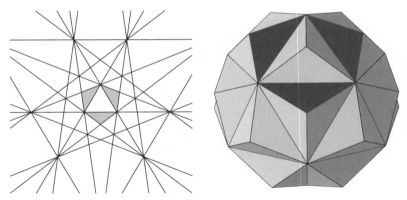

図 **6.31** 小三角六辺形二十面体

■五複合正八面体 (compound of five octahedra) / 記号 C

五複合正八面体と呼ばれるこの多面体は, 同一平面上にある 6 枚の三角形

が20組，すなわち120枚の三角形の面で構成されています．これらの三角形は全て合同ですが二等辺三角形ではありません．

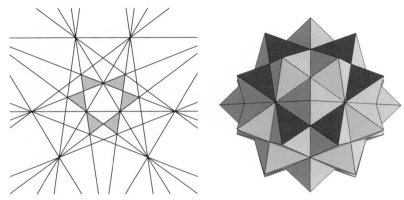

図 **6.32**　五複合正八面体

　五複合正八面体は，その名の通り図6.33のように5個の正八面体が角度を変えながら重なり合ってできた立体です．

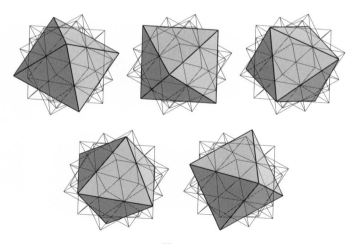

図 **6.33**

■第七種星型二十面体 (seventh stellated icosahedron) / 記号 De1

正二十面体の各面に六角錐をくっつけたような，120 枚の三角形の面を持つ次のような多面体を，本書では**第七種星型二十面体**と呼ぶことにします．

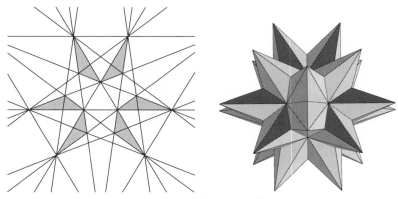

図 **6.34**　五複合正八面体

■凹五角錐十二面体 (excavated dodecahedron) / 記号 Ef1g1

凹五角錐十二面体と呼ばれるこの多面体は，正二十面体の各面を五角錐状に凹ませた多面体で，60 枚の正三角形で構成されています．

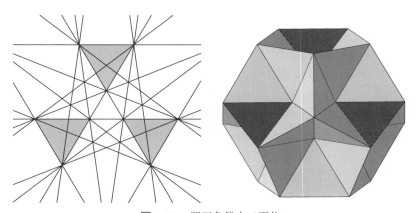

図 **6.35**　凹五角錐十二面体

■五複合正四面体 (compound of five tetrahedra) / 記号 Ef1

五複合正四面体も，その名の通り5個の正四面体が重なり合った立体です．

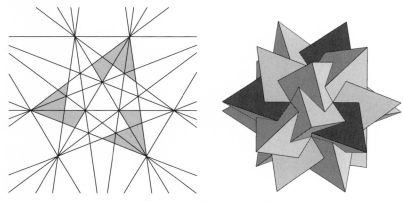

図**6.36**　五複合正四面体

五複合正四面体は，見かけ上60枚の合同な凹五角形で構成されていますが，五角形を二つの三角形に分解すると，2種類の三角形60枚ずつ，合計120枚の三角形で構成された多面体と見なすこともできます．

■大三角二十面体 (great triambic icosahedron) / 記号 De2f2

大三角二十面体と呼ばれこの多面体は，正十二面体の各面に五角錐をくっつけたような60枚の四角形で構成されています．この四角形を二つの三角形に分解すると，120枚の三角形の面で構成されているとも考えられます．

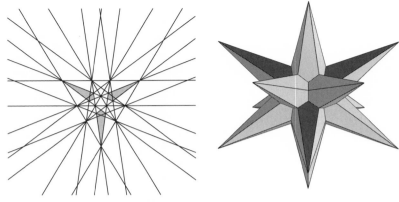

図 **6.37**　大三角二十面体

■大二十面体 (great icosahedron) / 記号 G

　大二十面体は，一つの平面につき 2 種類の三角形「$6 + 3 = 9$」枚，合計 180 枚の三角形の面で構成された多面体です．

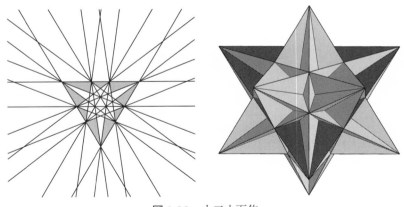

図 **6.38**　大二十面体

■完全星型二十面体 (final stellation of the icosahedron) / 記号 H

　完全星型二十面体またはハリモグラ多面体 (Echidnahedron) は最大の星型二十面体で，180 枚の三角形の面で構成されています．

図 6.39　完全星型二十面体

　ここでは紹介しなかった星型二十面体があと50種類あり，その多くが絵だけではとても形が想像できないような複雑なものです．しかし，同一平面上にある三角形の面の形や数だけに注目すると，実はその構造は見かけほど複雑ではないことがわかります．

第 **7** 章

正多面体編み

第5章と第6章では「面で囲まれた立体」という多面体の定義から正多面体モデルを製作しました．これらは，数学的にも造形的にも興味深いモデルでしたが，星型多面体のような少し複雑なモデルを作るには不向きです．そこで，今回は工夫次第でより複雑な多面体の製作も可能な「編んで作る多面体モデル」を紹介します．編んで作る手法は第1章ですでに紹介しましたが，本章で製作するモデルは数学的な美しさの基準である「対称性」の観点からそれを発展させたものです．

7.1 正四面体編み

第1章で製作した正多面体モデルと同様の方法で，図7.1のような3本のギザギザの帯部品を編んで図7.2のような正四面体モデルを作ります．

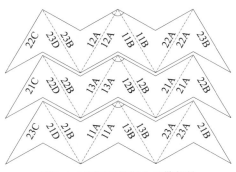

図 7.1 正四面体編みの帯部品

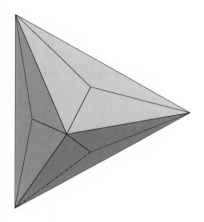

図7.2　正四面体編み

このモデルを本書では**正四面体編み**と呼ぶことにします．また，本章で同様の方法で製作する正多面体モデルを総称して**正多面体編み**と呼びます．

正四面体編みの帯部品は，図7.3のような正三角形から頂角が120°の二等辺三角形を切り取った図形をつなげたものです．

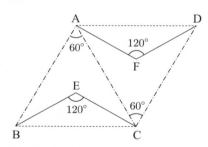

$$|AB| = |AC| = |CA| = |CD|, \quad |EB| = |EC| = |FA| = |FD|$$

図7.3

完成した正四面体編みは，各面が3枚の二等辺三角形でできています．これらの二等辺三角形の総数は「3 × 4 = 12」ですが，帯同士の交差によって2枚の二等辺三角形が重なっているので，部品の二等辺三角形の数は「12 × 2 = 24」です．ただし，帯の両端の2枚ずつの三角形は完成後に重なるので，1本の部品の二等辺三角形の総数は図7.4のように

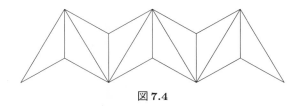

図 7.4

$$24 \div 3 \,(\text{帯の数}) + 2 \,(\text{重なる三角形の数}) = 10$$

となります.

　ところで，正四面体編みの部品の帯の山折りの線をはさんだ番号は，アルファベットを無視すると同じもので 11, 12, 13, 21, 22, 23 の 6 種類です．帯の折り目は完成後に多面体の辺になるので，これは正四面体の辺の数が 6 本であることに対応しています．

正多面体編み製作時の注意

- 部品の紙はあまり厚くない方が組み立てやすいようです．モデルの大きさにもよりますが，コピー用紙程度の厚さでも十分です．

- 正多面体編みモデルは複数の部品で面を構成するため，部品の精度が低いと面の部分が盛り上がってしまいます．それを緩和するため，完成時に面の中心となる部分（正四面体モデルの場合は「120°」の部分）に少しだけ切り込みを入れておくとよいでしょう．

- 「のり」は一切使用しません．組み立てる途中にバラバラになってしまいそうな場合は，一時的にクリップなどで固定しピンセットを活用しましょう．組み立て途中では多少「ゆるゆる」でも，最終的には固く安定したものになります．

- コツがわかれば，番号なしでも組み立てられるようになるはずです．「編み」のコツは，今後製作するより複雑なモデルでも共通しているので，比較的単純な本章のモデルの製作を通じて身につけておきましょう．

7.2　正八面体編み

2本の帯で編んだ第1章の正八面体モデルに対して，本章では図7.5のような4本のギザギザ帯部品を使って図7.6のような**正八面体編み**を製作します．

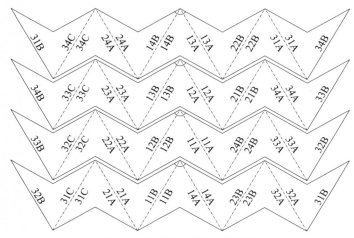

図7.5　正八面体編みの帯部品

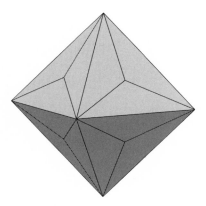

図7.6　正八面体編み

帯のギザギザの形は正四面体編みのものと同じですが，1本の帯を構成する二等辺三角形の数は14になります．ちなみに，この二等辺三角形の数

「14」は次のように求められます．部品の二等辺三角形の総数は1周して重なる部分を含めなければ，1枚の面が3枚の二等辺三角形でできていることから正四面体編みの場合と同様にして「$3 \times 8 \times 2 = 48$」であることがわかります．よって，完成後に重なる部分を含めた1本の帯部品の二等辺三角形の個数は

$$48 \div 4 \,(\text{帯の数}) + 2 \,(\text{重なる三角形の数}) = 14$$

となります．また，番号の種類は正八面体の辺の本数と等しく

$$11, \ 12, \ 13, \ 14, \ 21, \ 22, \ 23, \ 24, \ 31, \ 32, \ 33, \ 34$$

の12種類であることも確認できます．

7.3　正二十面体編み

第1章では5本の帯で正二十面体モデルを編みましたが，本章では図7.7のような6本のギザギザ帯部品を編んで，図7.8のような**正二十面体編み**を製作します．

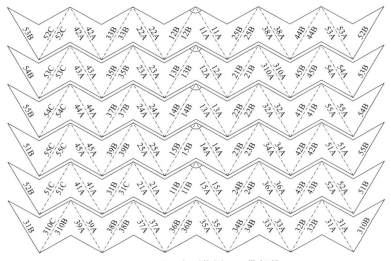

図 7.7　正二十面体編みの帯部品

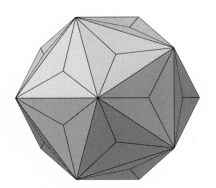

図 **7.8**　正二十面体編み

　正二十面体編みを作るのに必要な部品の二等辺三角形の総数は，1周して重なる部分を含めなければ，正四面体編みや正八面体編みの場合と同様にして「$3 \times 20 \times 2 = 120$」です．ここで，帯の本数を m，重なる部分を含めた1本の帯部品の二等辺三角形の個数 n とすると等式 (7.1) が成り立ちます．

$$120 \div m + 2 = n \tag{7.1}$$

このとき，$m = 5$ ならば $n = 26$，$m = 6$ ならば $n = 22$，$m = 7$ ならば $n = 19.14\cdots$ となるので，帯の数は「7」ではありえないことがわかります．また，正二十面体を作るならば，帯の数は「6」よりも 20 の約数である「5」の方が「自然」な気もしますが，後に第8〜10章で行う考察から，正二十面体編みの帯の数は，対称性を考慮すると「5」ではなく「6」であるべきだということがわかります．また，番号の種類は正二十面体の辺の個数である「30」であることにも注意しておきましょう．

7.4　正六面体編み

　図7.9のような**正六面体編み**も，これまでと同様に図7.10のような二等辺三角形を連ねた4本の帯部品を編んで作ることができます．

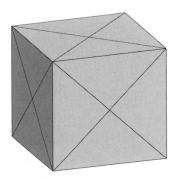

図 **7.9** 正六面体編み

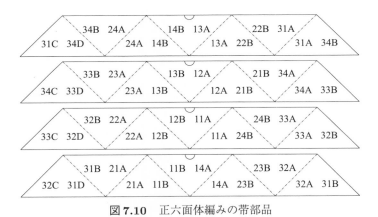

図 **7.10** 正六面体編みの帯部品

正六面体は面の形が正三角形ではなく正方形なので，帯を構成する二等辺三角形の形は「正三角形を 3 等分する頂角が 120° の二等辺三角形」ではなく，図 7.11 のような「正方形を 4 等分する頂角が 90° の二等辺三角形」になります．

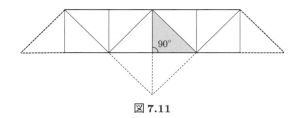

図 7.11

　また，正六面体の6枚の各面が4枚の二等辺三角形でできていることから，1本の帯を構成する二等辺三角形の個数はこれまでのモデルと同様に

$$4 \times 6 \,(面の数) \times 2 \div 4 \,(帯の数) + 2 \,(1 周して重なる三角形) = 14$$

となります．また，番号の種類は正六面体の辺の個数である「12」です．

7.5　正十二面体編み

　最後に残った図7.12のような**正十二面体編み**は，図7.13のような6本のギザギザ帯を編んで作られます．

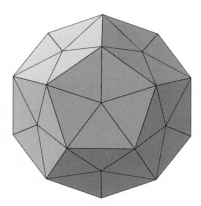

図 7.12　正十二面体編み

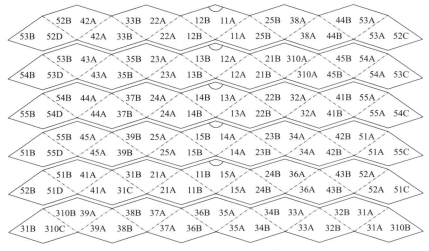

図7.13　正十二面体編みの帯部品

　組み立て難度は同じく6本の帯で編む正二十面体モデルと変わりませんが，部品の設計図を手書きで作成するのは困難なので，コンピューターを用いた作図や本書のコピー，プリントアウトしたPDF形式のデータを使用するとよいでしょう．

　帯は，これまでと同様に二等辺三角形が連なったものですが，この二等辺三角形は図7.14のような「正五角形を3等分する頂角が72°の二等辺三角形」です．

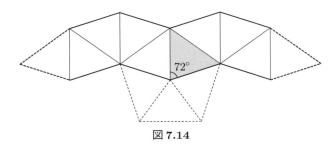

図7.14

　また，正十二面体の12枚の正五角形面が，それぞれが5枚の二等辺三角形でできていることから，1本の帯を構成する二等辺三角形の個数は

$$5 \times 12\,(\text{面の数}) \times 2 \div 6\,(\text{帯の数}) + 2\,(1\text{周して重なる三角形}) = 22$$

となります．また，番号の種類は正十二面体の辺の個数である「30」です．

■帯の本数と二等辺三角形の総数

　この章で製作した正多面体モデルの帯部品に関して，帯の本数（帯），数字の種類（数字），二等辺三角形の総数（三角形）についてまとめたものが表7.1です．

表7.1　正多面体編みの帯部品

モデル	正四面体	正八面体	正二十面体	正六面体	正十二面体
帯	3	4	6	4	6
数字	6	12	30	12	30
三角形	30	56	132	56	132

　この表から，正六面体モデルと正八面体モデル，正十二面体モデルと正二十面体モデルの「部品を特徴づける数が同じ」であることがわかります．さらに，部品の番号とアルファベットは両端の一部を除いて一致しており，この事実は，それぞれの多面体を「編む工程」が本質的に同一であることを意味しています．この同一性の意味するところについては，次章以降で詳しく考察します．

第8章

リングボール編みとブレイド

ブレイド (braid) とは，英語で「三つ編み」，より一般に「編んだ髪」や「編んだ紐」を意味します．髪の毛や組紐，革製品，もう少し視野を広げると竹籠や水引など，身の回りには様々なブレイドの構造があります．

ブレイド（三つ編み）

ブレイドと数学の間に何の関係があるのか，と思うかもしれませんが，我々の身の周りのあらゆるものの中に隠れている「数学」の中で，ブレイドと数学はそれほど隠れた関係ではありません．今回は，最も基本的なブレイドである「三つ編み」と，それを発展させた「四つ編み」，「五つ編み」，「六つ編み」を作り，これらの数学的構造や多面体との関係を考察してみましょう．

8.1 三つ編みリングボールの製作

ブレイド製作の手始めとして，ブレイドの代名詞でもある**三つ編み**と，それからできる**三つ編みリングボール**を作ってみましょう．

(1) **帯を作る**

太さ 1 cm，長さ 18 cm 程度の紙の帯を 3 本準備します．

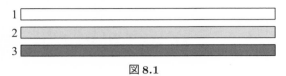

図 8.1

最初は編み方が確認できるように，図 8.1 のように色違いの帯を使うと
よいでしょう．

(2) **三つ編みを編む**

図 8.2 のように 3 本の帯を合計「6 回」交差させます．

図 8.2

帯の並びがバラバラにならないように左端をクリップなどで固定し，左
端と右端の帯の順番が同じであることを確認しておきます．ここまでで
三つ編みは完成です．

(3) **三つ編みリングを作る**

(2) で編んだ三つ編みを丸め，各帯の両端をねじれがないようにのりづ
けすると，図 8.3 のような **三つ編みリング** ができます．

図 8.3　三つ編みリング

ちなみに，このリングは有名な指輪のデザインの「三連リング」とは構造が異なります.

(4) **三つ編みリングボールを作る**

(3) で作ったリングをほぐして丸い形に整えると，3本の帯のリングで編まれた**三つ編みリングボール**が完成します．図8.4右図はわかりやすいように内部に球を入れたものです．

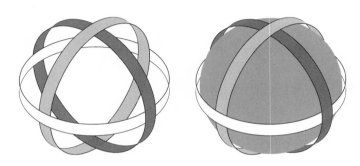

図 **8.4**　三つ編みリングボール

三つ編みリングボール製作時の注意

- (1) で指定した帯の長さはあくまでも目安ですが，これより短いとかなり編みづらくなります.
- 帯の素材は，完成時に自重でつぶれないように画用紙など強度があるものを使用するとよいでしょう．特に**クラフトバンド**（手芸用の紙製の帯）は折れにくく，リングボールの製作には最適です.
- 完成した実物を参考にできれば，ダブルクリップで留めながら直接ボールを編む方が容易です.

■三つ編みの記号化

　三つ編みリングボールを作る工程やその完成品の構造には，明らかな規則性があります．その規則性を記号化し，必ずしも本質的ではない「見かけ」

の背後に隠された普遍的な構造を明らかにするのが数学的考察です．では，実際に三つ編みや三つ編みリングボールの規則性の記号化について考察してみましょう．

　まず，今回編んだ三つ編みを図8.5のような単純化した線の交差で表します．以下，この線のことを紐と呼ぶことにします．

図 8.5

　ここで，それぞれの紐の両端がつながっているとすると，図8.5は三つ編みリングボールの帯の交差を表していると見なすこともできます．図8.5のような規則で編まれたものだけを「三つ編み」と呼ぶ場合もありますが，ここではもっと広い意味で，3本の紐が交差したものを三つ編みと呼ぶことにします．

　三つ編みの「編み」とは，並んだ3本の紐の中の隣り合う2本の交差であり，その交差が幾つか並んで「三つ編み」が形成されます．紐の交差を隣り合うもの同士に限定した場合，その組み合わせは4通りあるので，これらを次のように記号で表します[1]．

$$\sigma_1 \qquad \sigma_1^{-1} \qquad \sigma_2 \qquad \sigma_2^{-1}$$

さらに，紐の交差の並びは交差の記号を順番に並べることによって表します．これによって，例えば図8.5の三つ編みは式(8.1)のように表されます．

$$\sigma_1 \sigma_2^{-1} \sigma_1 \sigma_2^{-1} \sigma_1 \sigma_2^{-1} \tag{8.1}$$

　ここで，次のような三つ編みの例とそれらの記号による表示との対応についても確認しておきましょう．

---

[1] 「σ」はアルファベットの「s」に対応するギリシア文字で「シグマ」と読みます．

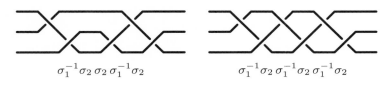

$$\sigma_1^{-1}\sigma_2\sigma_2\sigma_1^{-1}\sigma_2 \qquad\qquad \sigma_1^{-1}\sigma_2\sigma_1^{-1}\sigma_2\sigma_1^{-1}\sigma_2$$

また，編まれていない3本の平行な紐も三つ編みの一種と見なし「1」と表すことにします．このように，記号で表された編まれた紐の状態を，数学的な意味でのブレイドと呼ぶことにします．

このように，三つ編みを記号で表すことができましたが，逆に三つ編みを次のように記号として定義することもできます．

定義（三つ編み）． 五つの記号 $1, \sigma_1, \sigma_1^{-1}, \sigma_2, \sigma_2^{-1}$ を重複も許して並べてできる文字列を**三つ編み**という．

■三つ編みとブレイド群

記号によって表されるブレイドとして三つ編みを表現することができましたが，ここではもう一方進んで，三つ編みの「同値性」について考えてみることにします．

「$\sigma_1\sigma_1^{-1}$」と「1」という異なる記号によって表された二つの三つ編みの実物は，図 8.6 のように実際には同じものです．

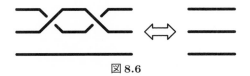

図 8.6

同様に，「$\sigma_1\sigma_2^{-1}\sigma_1^{-1}\sigma_1\sigma_2\sigma_1^{-1}$」と「1」も同じく「編まれてない三つ編み」であることが図 8.7 から確認できます．

図 8.7

このように，実物が同じ三つ編みである場合に，その関係を等号「＝」を用いて次のように表すことにします．

$$\sigma_1\,\sigma_1^{-1} = 1, \quad \sigma_1\,\sigma_2^{-1}\sigma_1^{-1}\sigma_1\,\sigma_2\,\sigma_1^{-1} = 1$$

一般に，関係式

$$\sigma_1\,\sigma_1^{-1} = \sigma_1^{-1}\sigma_1 = \sigma_2\,\sigma_2^{-1} = \sigma_2^{-1}\sigma_2 = 1$$

$$1\,\sigma_1 = \sigma_1 1 = \sigma_1, \quad 1\,\sigma_1^{-1} = \sigma_1^{-1}1 = \sigma_1^{-1}$$

$$1\,\sigma_2 = \sigma_2 1 = \sigma_2, \quad 1\,\sigma_2^{-1} = \sigma_2^{-1}1 = \sigma_2^{-1}$$

が成り立つので，二つの三つ編みが同じものであることを，次のような式変形によって示すことができます．

$$\sigma_1\,\sigma_2^{-1}\sigma_1^{-1}\sigma_1\,\sigma_2\,\sigma_1^{-1} = \sigma_1\,\sigma_2^{-1}1\,\sigma_2\,\sigma_1^{-1} = \sigma_1\,\sigma_2^{-1}\,\sigma_2\,\sigma_1^{-1}$$

$$= \sigma_1\,1\,\sigma_1^{-1} = \sigma_1\,\sigma_1^{-1}$$

$$= 1$$

さらに，等式 (8.2) が成り立つことが図 8.8 から確認できます．

$$\sigma_1\,\sigma_2\,\sigma_1 = \sigma_2\,\sigma_1\,\sigma_2 \tag{8.2}$$

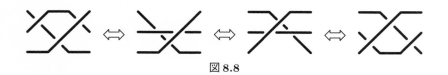

図 8.8

同様に，等式 (8.3) が成り立ちます．

$$\sigma_2\,\sigma_1\,\sigma_2 = \sigma_1\,\sigma_2\,\sigma_1 \tag{8.3}$$

このように，単に三つ編みの編み方だけでなく，実物の三つ編みの性質も数式によって表すことができました．これによって「三つ編み」の構造を数

式によって**群**[2] という抽象的な世界で定義することができます.

定義（3-ブレイド群 B_3）. 三つ編みを表す文字列に対して, 次のルールに従って変形された文字列を同一なものとみなした世界を **3-ブレイド群**といい B_3 と表す.

(i) $1a = a1 = a$ $(a = 1, \sigma_1, \sigma_1^{-1}, \sigma_2, \sigma_2^{-1})$

(ii) $\sigma_1 \sigma_1^{-1} = \sigma_1^{-1} \sigma_1 = \sigma_2 \sigma_2^{-1} = \sigma_2^{-1} \sigma_2 = 1$

(iii) $\sigma_1 \sigma_2 \sigma_1 = \sigma_2 \sigma_1 \sigma_2$

抽象的過ぎて何を言っているのかわかりづらいかも知れませんが, 記号の並びを（実数や複素数を表す）文字式の積,「1」を数字の 1, σ_j^{-1} を σ_j の逆数

$$\sigma_j^{-1} = \frac{1}{\sigma_j}$$

と考えると,（i）と（ii）は当たり前の性質です. また, 文字列 a が連続して n 個並んだものを, 文字式のべき乗の表記を用いて式 (8.4) のように表します.

$$\underbrace{a \cdots a}_{n} = a^n \tag{8.4}$$

これによって, 図 8.5 の三つ編みは式 (8.5) のように表すことができます.

$$\sigma_1 \sigma_2^{-1} \sigma_1 \sigma_2^{-1} \sigma_1 \sigma_2^{-1} = (\sigma_1 \sigma_2^{-1})^3 \tag{8.5}$$

ここまでの計算は普通の文字の式と同じですが, 文字式の世界では成り立つ**交換法則**と呼ばれる性質「$\sigma_1 \sigma_2 = \sigma_2 \sigma_1$」がブレイド群の世界では成り立ちません[3]. これは, 次の図 8.9 と図 8.10 の三つ編みが異なるからです.

---

[2] 「群」とは, ごく簡単に述べると「積の計算」と「1」（単位元）,「逆数」が存在する世界で, 例えば 0 を除いた実数や複素数に掛け算を考えた世界は群となります. 正確な定義は例えば [9] などを参照して下さい.

[3] このような性質を持つ群を「非可換群」といいます. 逆行列を持つ正方行列の集合に積の演算を入れた世界も非可換群です.

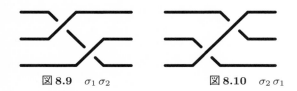

図8.9 $\sigma_1 \sigma_2$ 図8.10 $\sigma_2 \sigma_1$

一方，文字式の積の世界では一般に成り立たない性質 (iii) がブレイド群の特徴と言えます．例えば，図8.11のようなブレイドを考えてみましょう．

図8.11

このブレイドは

$$\sigma_1 \sigma_2^{-1} \sigma_1 \sigma_2 \sigma_1 \sigma_2^{-1} \sigma_1^{-1} \sigma_2$$

と表されますが，ブレイド群の性質を用いると

$$
\begin{aligned}
\sigma_1 \sigma_2^{-1} \sigma_1 \sigma_2 \sigma_1 \sigma_2^{-1} \sigma_1^{-1} \sigma_2 &= \sigma_1 \sigma_2^{-1} \sigma_2 \sigma_1 \sigma_2 \sigma_2^{-1} \sigma_1^{-1} \sigma_2 \quad \cdots \text{ (iii) より} \\
&= \sigma_1 \, 1 \, \sigma_1 \, 1 \, \sigma_1^{-1} \sigma_2 \quad\quad\quad\quad \cdots \text{ (ii) より} \\
&= \sigma_1 \sigma_1 \sigma_1^{-1} \sigma_2 \quad\quad\quad\quad\quad \cdots \text{ (i) より} \\
&= \sigma_1 \, 1 \, \sigma_2 \quad\quad\quad\quad\quad\quad\quad \cdots \text{ (ii) より} \\
&= \sigma_1 \sigma_2 \quad\quad\quad\quad\quad\quad\quad\quad \cdots \text{ (i) より}
\end{aligned}
$$

より，「$\sigma_1 \sigma_2$」で表されるブレイドと等しいことになります．実際，注意深く三つ編みの図を眺めると，これらのブレイドが確かに同じものであることは確認できますが，それを計算だけで明確に示せることが，ブレイド群という世界を導入することの大きなメリットといえます．

ところで，「$\sigma_1 \sigma_2$」と「$\sigma_2 \sigma_1$」は異なる三つ編みですが，帯の両端を貼り付けてリング状にすると全く同じものになってしまいます．同様に，図8.5の三つ編みから作られるリングボールは式 (8.6) で表される三つ編みから作

られるリングボールと同じものです.

$$\sigma_2^{-1}\sigma_1\sigma_2^{-1}\sigma_1\sigma_2^{-1}\sigma_1 = (\sigma_2^{-1}\sigma_1)^3 \tag{8.6}$$

本書では，これらを**同値な**ブレイドとよび，その関係を式 (8.7) のように「～」で表します.

$$(\sigma_1\sigma_2^{-1})^3 \sim (\sigma_2^{-1}\sigma_1)^3 \tag{8.7}$$

ちなみに，三つのリングが絡み合った有名な「3連リング」の指輪は，図 8.12，式 (8.8) で表されます.

図 **8.12** 3連リングのブレイド

$$\sigma_1\sigma_2\sigma_1\sigma_1\sigma_2\sigma_1 = \sigma_1\sigma_2\sigma_1\sigma_2\sigma_1\sigma_2 = (\sigma_1\sigma_2)^3 \sim (\sigma_2\sigma_1)^3 \tag{8.8}$$

この三つ編みは，3本の紐をまとめて1周ねじった形になっており，絡み合った3本のリングがスムーズに指にはまっていくのはこの構造によるものです. 式 (8.7) で表される，丸めるとリングボールになった図 8.5 の三つ編みでは，このような指輪は作れません.

8.2 四つ編みリングボールの製作

三つ編みの次は，**四つ編み**からの**四つ編みリングボール**の製作です. 三つ編みで用いた記号を拡張し，新たに加わった4本目の帯と3本目の帯との交差を次のように表します.

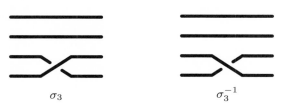

σ_3 $\qquad\qquad\qquad\qquad$ σ_3^{-1}

ここで，今回編むのは図8.13で表された四つ編みです．

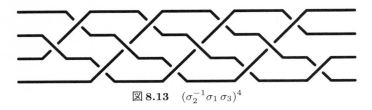

図 8.13　$(\sigma_2^{-1}\sigma_1\sigma_3)^4$

実際に編み始める前に，四つ編みに関しては図8.14のように σ_1 と σ_3 の交差の順序は不同であることに注意しておきましょう．

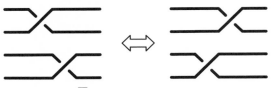

図 8.14　$\sigma_1\sigma_3 = \sigma_3\sigma_1$

(1) **帯を作る**

　　帯は三つ編みと同じサイズのものでも編むことはできますが，交差の回数が倍増するので，最初は同じ太さで少し長めのものを使うとよいでしょう．

(2) **四つ編みを編む**

　　帯の左端を固定して図8.15のように，4本の帯を合計「12回」交差させます．

図 8.15

σ_1 と σ_3 を編む順番はどちらでも構いません．編んだ帯は自然にリング状に丸くなっていきますが，気にせず編み進めましょう．

(3) **四つ編みリングを作る**

三つ編みリングと同じように，同じ色の帯同士をのり付けしてリングを作ります．

(4) **四つ編みリングボールを作る**

(3) の四つ編みリングの形を整えていくと，図 8.16 のような四つ編みリングボールが完成します．

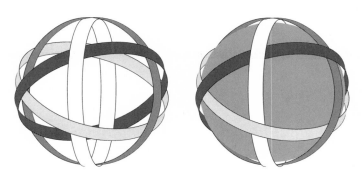

図 8.16 四つ編みリングボール

帯の長さを短くすると，より「ボールらしい」リングボールができますが，四つ編みを介して作るには帯にはある程度の長さが必要です．そこで，長目の帯を使って一つ完成品ができたら，それを参考により短く太い帯で直接リングボールを編むことに挑戦してみましょう．

ここで，三つ編みや四つ編みを一般化し，n 本の紐を編んだ「n 編み」とブレイド群を次のように定義しておきましょう．

定義（n 編み）．2 以上の自然数 n に対して，$2n - 1$ 個の記号 $1, \sigma_1, \sigma_1^{-1}, \ldots, \sigma_{n-1}, \sigma_{n-1}^{-1}$ を重複も許して並べてできる文字列を n 編みという．

このように，n 本の紐の交差とその並びを表す n 編みは，三つ編みの自然な拡張として定義されます．一方，n が 4 以上の場合，ブレイド群 B_n は四つ編みで新たに現れた「$\sigma_1 \sigma_3 = \sigma_3 \sigma_1$」を一般化して付け加えなければならず，その定義は次のようになります．

定義（n-**ブレイド群** B_n）．n編みを表す文字列に対して，次のルールに従って変形された文字列を同一なものとみなした世界をn-**ブレイド群**といい B_n と表す.

(i)　$1a = a1 = a$　$(a = 1,\ \sigma_1,\ \sigma_1^{-1}, \ldots, \sigma_{n-1},\ \sigma_{n-1}^{-1})$

(ii)　$\sigma_j \sigma_j^{-1} = \sigma_j^{-1} \sigma_j = 1$　$(j = 1, \ldots, n-1)$

(iii)　$\sigma_j \sigma_{j+1} \sigma_j = \sigma_{j+1} \sigma_j \sigma_{j+1}$　$(j = 1, \ldots, n-2)$

(iv)　$\sigma_j \sigma_k = \sigma_k \sigma_j$　$(j + 2 \leqq k)$

今回編んだ四つ編みリングボールのブレイドは，次のようなブレイドと同値です.

$$(\sigma_2^{-1} \sigma_1 \sigma_3)^4 \sim (\sigma_2^{-1} \sigma_3 \sigma_1)^4 \sim (\sigma_1 \sigma_2^{-1} \sigma_3)^4$$

したがって，これらのブレイドから作られるリングボールは全て同じものになります.

8.3　五つ編みリングボールの製作

三つ編み，四つ編みの次は当然，**五つ編み**です.「5本の帯で編む」という意味での五つ編みならばいろいろ考えられますが，ここでは図8.17のような五つ編みから**五つ編みリングボール**を作ってみましょう.

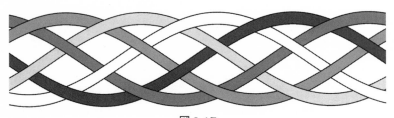

図 **8.17**

これは，リングボールを作った三つ編みと四つ編みのブレイド

$$(\sigma_1 \sigma_2^{-1})^3, \quad (\sigma_1 \sigma_2^{-1} \sigma_3)^4$$

を自然に拡張したものと考えられる,図8.18のような5本の紐の交差を5回
繰り返した式(8.9)によって表される五つ編みです.

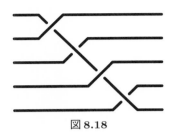

図8.18

$$(\sigma_1 \sigma_2^{-1} \sigma_3 \sigma_4^{-1})^5 \tag{8.9}$$

この五つ編みには20の交差があり,それぞれの交差では2本の帯が交
わっています.したがって,1本の帯が1周する間に他の帯と交わる回
数は「$20 \times 2 \div 5 = 8$」となります.四つ編みの帯の交差の回数は1周で
「$12 \times 2 \div 4 = 6$」なので,五つ編みを同じように編むためには,四つ編みよ
りもおおよそ4/3倍の帯の長さが必要だと考えられます.

五つ編みリングボールの製作手順も三つ編みや四つ編みと同様ですが,帯
を編む回数も増えてより複雑になるので,特に次の点に注意するとよいで
しょう.

五つ編みリングボール製作時の注意

- 帯の長さは編み上った後に詰めることができるので,慣れるまでは
  設計よりも長めの帯を使いましょう.
- 一気に編まず,例えば4回編むごとにクリップなどで固定していく
  と,編んだ回数を正確にカウントできます.
- 編み進むにつれて全体が丸まってきますが,気にせず編み続けて最
  後に形を整えましょう.

　完成した図8.19の五つ編みリングボールを手にとって眺めてみると，三つ編みや四つ編みリングボールに比べてアンバランスな形であることがわかります．

図 **8.19**　五つ編みリングボール

8.4　六つ編みリングボールの製作

　最後に作るのは，図8.20のような**六つ編み**から作られる**六つ編みリングボール**です．

図 **8.20**　五つ編みリングボール

　少々わかりにくいですが，この六つ編みは図8.21のような6本の紐の6回の交差が5回繰り返された式 (8.10) で表されるブレイドです．

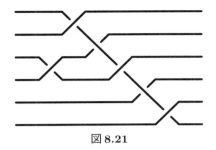

図 **8.21**

$$(\sigma_3 \, \sigma_1 \, \sigma_2^{-1} \, \sigma_3 \, \sigma_4^{-1} \, \sigma_5)^5 \qquad\qquad (8.10)$$

　ところで，これまでに編んできた三，四，五つ編みの続きならば，次に編むべき六つ編みのブレイドは

$$(\sigma_1 \, \sigma_2^{-1} \, \sigma_3 \, \sigma_4^{-1} \, \sigma_5)^6$$

である方が自然かも知れません．しかし実際に作ってみると，この六つ編みから作られるリングボールは対称性が低く「ボール」と呼べるような丸い形にはなりません．一方，今回作る六つ編みは，アンバランスなリングボールだった五つ編みのブレイド $(\sigma_1 \, \sigma_2^{-1} \, \sigma_3 \, \sigma_4^{-1})^5$ に，「6本目の紐の交差 σ_5」とアンバランスさを解消する「中間の交差 σ_3」を加えたものです．これによってできあがった六つ編みリングボールは，図8.22のように対称性が高くバランスの良い，数学的にも美しい形になります．

図 **8.22**　六つ編みリングボール

　六つ編みリングボールは，これまでの中で最も多い「30」の交差を持ちますが，製作と注意点は五つ編みの場合と同様です．なお，1本の帯が1周する間に他の帯と交わる回数が「$30 \times 2 \div 6 = 10$」なので，編むために必要な帯の長さの目安は四つ編みのおよそ5/3倍です．

8.5　リングボールの構造

　本章で製作した 3, 4, 5, 6 本の帯で編んだリングボールのブレイドと帯の交差の数をまとめると，表8.1のようになります．

表8.1

帯の数	ブレイド	帯の交差の数
3	$(\sigma_1 \sigma_2^{-1})^3$	6
4	$(\sigma_1 \sigma_2^{-1} \sigma_3)^4$	12
5	$(\sigma_1 \sigma_2^{-1} \sigma_3 \sigma_4^{-1})^5$	20
6	$(\sigma_3 \sigma_1 \sigma_2^{-1} \sigma_3 \sigma_4^{-1} \sigma_5)^5$	30

　完成したこれらのリングボールを眺めると，五つ編み以外は対称構造をもつ「きれいな形」をしています．また，五つ編みもそれなりにきれいな対称性は持っています．一方，これらとは異なるブレイドのリングボールを作ることもできますが，それらは必ずしも「きれいな形」になるとは限りません．そこで，今回作ったリングボールの次のような構造を確認しながら，ボールがきれいな形と見なせる基準について考えてみましょう．

1. 全ての帯は1周する間に他の帯と2回交差する

　すでに確認したように，帯がn本の場合はそれぞれの帯が他の帯と$2(n-1)$回交差します．さらに，同じ帯との1回目と2回目の交差の間に他の帯と$n-2$回交差します．

2. 隣接する帯の交差の上下は全て逆である

帯の交差によって作られる**籠目**[4]は，図8.23のような**三つ目編み**「3」，「$\overline{3}$」，**四つ目編み**「4」，「$\overline{4}$」，**五つ目編み**「5」，「$\overline{5}$」いずれかです．

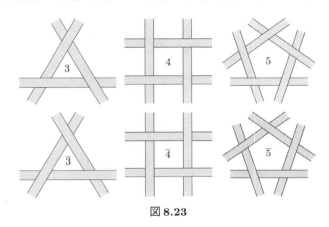

図 8.23

ここで，籠目 3, 4, 5 に対する $\overline{3}, \overline{4}, \overline{5}$，またはその逆を**鏡像**と呼びます．本章で製作したリングボールには現れませんでしたが，6本以上，一般に n 本の帯の交差で作られる n 角形の構造も同様に考えることができます．それらを n **つ目編みの籠目**とよび，その籠目と鏡像をそれぞれ $K_n, \overline{K_n}$ と表すことにします．

3. 籠目を囲む籠目の種類と配置が等しい

隣接する籠目同士は，目の数が異なる場合もありますが必ず鏡像です．さらに細かく見ると次のようになっています．

■三つ編みリングボール

三つ編みリングボールの籠目は 3 と $\overline{3}$ の2種類で，それらを囲む籠目は次の通りです．

- 3 を囲む籠目は $\overline{3}$

---

[4] 籠目（かごめ）とは，竹などで編んだ籠の網目として現れる交差の構造です．

- $\overline{3}$ を囲む籠目は3

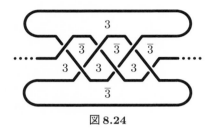

図8.24

図8.24 は，三つ編みリングボールの構造を交差に注目して図示したものです．ただし，左右に伸びる点線同士はつながっているとしています．ここで，籠目を多面体の面と見なすと，その配置は正八面体と同一視できます．

■四つ編みリングボール

四つ編みリングボールの籠目は3と $\overline{4}$ の2種類で，それらを囲む籠目は次の通りです．

- 3 を囲む籠目は $\overline{4}$
- $\overline{4}$ を囲む籠目は3

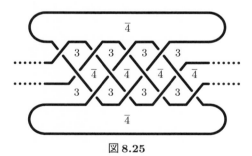

図8.25

四つ編みリングボールの構造を図8.25 のように図示して籠目を多面体の面と見なすと，その配置は8枚の正三角形と6枚の正方形で構成された半正多面体の一種である**立方八面体**（図8.26）と同一視できます．

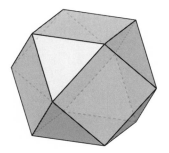

図 8.26 立方八面体

■五つ編みリングボール

五つ編みリングボールの籠目は $3, \overline{3}, 4, \overline{4}, 5, \overline{5}$ の 6 種類で，それらを囲む籠目は次の通りです．

- 3 を囲む籠目は $\overline{4}, 5$
- $\overline{3}$ を囲む籠目は $4, 5$
- 4 を囲む籠目は順番に $\overline{3}, \overline{4}$
- $\overline{4}$ を囲む籠目は順番に $3, 4$
- 5 を囲む籠目は $\overline{3}$
- $\overline{5}$ を囲む籠目は 3

また，リングボールの構造を図示すると図 8.27 のようになります．

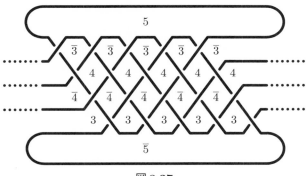

図 8.27

■六つ編みリングボール

六つ編みリングボールの籠目は$\overline{3}$と5の2種類で，6本の帯で編む最も複雑なリングボールであるにもかかわらず，籠目同士の関係は次のように極めてシンプルです．

- $\overline{3}$を囲む籠目は5
- 5を囲む籠目は$\overline{3}$

また，リングボールの構造を図示すると図8.28のようになり，籠目を多面体の面と見なすと，その配置は二十・十二面体と同一視できます．

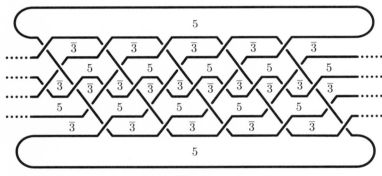

図8.28

上記の考察からわかるように，今回製作したリングボールの中でも特に，三・四・六つ編みの3種類の籠目の構造はこれ以上ないほどにシンプルで，それが実物の造形の美しさにも反映されていると考えられます．実際，籠目$m, \overline{m}, n, \overline{n}$に対して，「$m$を囲む籠目は$\overline{n}$，かつ$n$を囲む籠目は$\overline{m}$」となるようなリングボールができる3以上の自然数$m$と$n$の組み合わせは$\{3,3\}, \{3,4\}, \{3,5\}$以外には存在せず，これは3種類のリングボールが構造のシンプルさという尺度で最も美しいという「数学的」，すなわち客観的な根拠にもなります[5]．

一方，それほどシンプルな構造を持たない五つ編みリングボールが美しく

[5) リングボールには必ず籠目3か$\overline{3}$が必要ですが，6以上の自然数nに対して$\{3,n\}$の組み合わせでは「ボール」にはなりません．

ないかというと，必ずしもそうではありません．実際，六つ編みリングボールの製作時も議論したように，数式表現としては「最も美しい」とする尺度を「ブレイドが次で与えられる n 編みリングボール」とすることには説得力があります．

$$
\begin{cases}
(\sigma_1 \sigma_2^{-1} \cdots \sigma_{n-1})^n & (n \text{ が偶数}) \\
(\sigma_1 \sigma_2^{-1} \cdots \sigma_{n-1}^{-1})^n & (n \text{ が奇数})
\end{cases}
$$

上記の n 編みリングボールについての議論はここでは行いませんが，ぜひ実物を作ってその構造と実物の造形の美しさについて考察してみましょう．

8.6 籠目と数学

本章では「n 編み」と「リングボールの籠目の構造」を数学的に考察しましたが，私たちの身近にある「編み籠」も籠目を組み合わせて作られているので，その構造も数学的に考察することができます．図 8.29 左図の編み籠の中心付近では $\overline{K_6}$ を K_3 が囲む籠目です．このような籠目が並ぶように編むと平面ができますが，編み籠の端の部分を拡大した右図で確認できるように，$\overline{K_5}$ を加えることによって凸構造が生まれます．この編み籠では，端の 6 か所に $\overline{K_5}$ を加えることによって全体として籠の形が作り出されています．

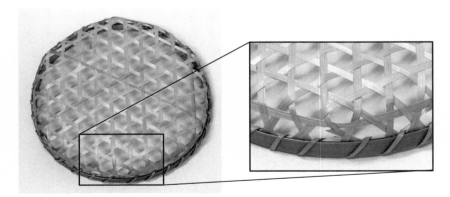

図 8.29　編み籠と拡大した籠目

　図 8.30 の立体は，3 種類の籠目 $\overline{K_3}, K_5, K_6$ がそれぞれ 60 個，12 個，20 個組み合わされてできたもので，六つ編みリングボールに K_6 を入れて拡大したものです．そのため「丸さ」は六つ編みリングボールには劣ります．また，どのように形を整えても籠目 $\overline{K_3}$, K_6 をそれぞれ正三角形，正六角形にすることはできません．

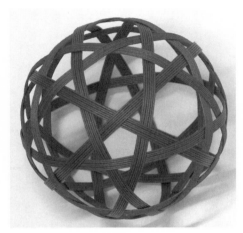

図 8.30

　ちなみに，このリングボールは 10 本の帯で編むことができ，次のようにブレイドで表されます．

$$(\sigma_1 \sigma_2^{-1} \sigma_3 \sigma_4^{-1} \sigma_5 \sigma_6^{-1} \sigma_7 \sigma_8^{-1} \sigma_9 \sigma_3 \sigma_5 \sigma_7 \sigma_6^{-1} \sigma_5 \sigma_4^{-1} \sigma_3 \sigma_5 \sigma_7)^5$$

　ところで，$n \leqq 5$ の場合，籠目 K_n と $\overline{K_n}$ は凸構造を作り，K_6 と $\overline{K_6}$ は平面を作りますが，n が 7 以上の場合にはどのような構造を作ることができるのでしょうか．例えば，図 8.31 のドーナツ型の立体は，4 種類の籠目 K_3，$\overline{K_5}, \overline{K_6}, \overline{K_7}$ がそれぞれ 240 個，10 個，100 個，10 個組み合わされてできています．

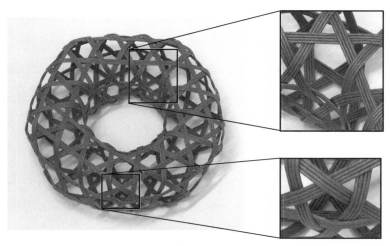

図 8.31

　右側の拡大図でわかるように，ドーナツの外側は編み籠のように $\overline{K_5}$ で作られますが，内側の「馬の鞍」ような構造を作るためには $\overline{K_7}$ が必要です．

　図 8.30 のボールと図 8.31 のドーナツは，ともにクラフトバンドで編まれたものです．特に後者の製作はかなり大変ですが，実際に製作してみると種類の異なる籠目の役割をよく理解することができると思うので，ぜひチャレンジしてみて下さい．

第9章

菱形多面体編み 1

　菱形[1] とは，全ての辺の長さが等しい四角形です．全ての面が合同な菱形の面で構成された次のような多面体を，**等面菱形多面体**，または本書では単に**菱形多面体**[2] と呼びます．今回は，菱形多面体の中でも最も単純な図 9.1，図 9.2 のような，**菱形六面体**と**菱形十二面体**と呼ばれる 2 種類の立体を，第 7 章のようなギザギザ帯を編む方法で製作してみましょう．

図 **9.1**　菱形六面体

図 **9.2**　菱形十二面体

9.1　菱形多面体

　「菱形多面体」という名称は正多面体ほどポピュラーではありませんが，実はとても身近な存在で，その一例が鉱物の結晶です．

---

[1]「菱形」は「ひしがた」（訓読み）または「リョウケイ」（音読み）と読みます．

[2]「多面体」は「タメンタイ」と音読みするので，「菱形多面体」も音読みで「リョウケイタメンタイ」と読みます．

ガーネットの結晶

　化学の授業で習うように，結晶の形は鉱物の原子配列と密接な関係があり，その意味では，菱形多面体は物質の基本構造を表す重要な存在とも言えるでしょう．また，正方形よりも対称性が低い菱形のアンバランスさが生み出す造形は，アートの世界でもしばしば目にすることができます．

Eva Löfdahl, 2006 年, ヘルシンキ

　正多角形よりも対称性が低い菱形面で構成された菱形多面体は「対称性の美」では正多面体に劣ります．例えば，菱形十二面体は最も対称性が高い菱形多面体の一つですが，どの頂点の方向から眺めても同じ形に見えた正多面体に対して，図9.3のように頂点によって異なる2種類の形に見えます．

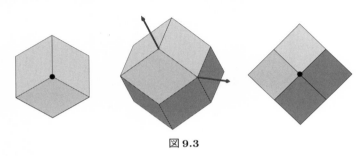

図 9.3

　このような「二面性」は，シンプルさという美しさの尺度では減点要素です．しかし，それとは別な「数学的美しさ」の重要な観点である「同値性」[3]においては，この二面性こそが菱形十二面体が正多面体に負けず劣らず美しい存在となり得る所以でもあり，それを工作によって体験するのが本章の目的でもあります．

9.2　菱形六面体編み

　菱形六面体は，すでに図9.1で紹介したように6枚の合同な菱形で構成された多面体です．正方形も菱形の一種なので，正六面体も菱形六面体です．一般に，図9.4のように立方体の「辺」だけの骨組みを「全ての面が合同」という条件を保ちながら変形させたものを辺とする六面体は全て菱形六面体です．

---

[3]「同値」とは「二つのものが同じ」という意味ですが，「同じ」という意味の解釈によって様々な「同値」が考えられます．数学的に厳密な議論はここでは行いませんが，例えば実数の世界では「1」と「0.999…」，5で割ると3あまる整数という意味では「8」と「13」，穴が開いてない立体は同じものと見なした世界では「ドーナツ」と「（とっ手が一つある）コーヒーカップ」などがそれぞれ「同じ」であると考えられます．

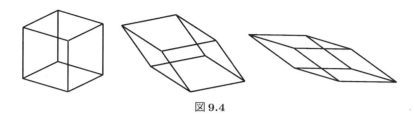

図 9.4

　このような変形に関して，面，辺，頂点の数は不変であることに注意して
おきましょう.

■正六面体と三つ編みリングボール

　第8章で製作した「三つ編みリングボール」の帯の幅を広げていくと，図
9.5のように帯と帯とのすき間がつぶれていきます. しかし，2本の帯が交差
する部分はつぶれずに残り，最終的には6か所の直交する帯が作る正方形だ
けで構成された正六面体となります. また，このときの帯の形は，図9.6の
ような正六面体を一周する4枚の正方形が並んだものになります.

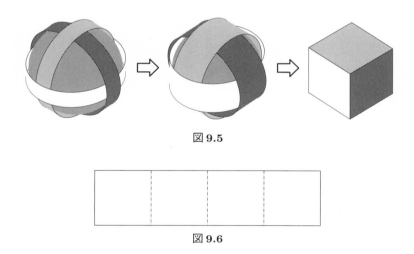

図 9.5

図 9.6

　正六面体になった三つ編みボールを編むこの帯の両端に，正方形の「のり
しろ」を一つずつ加えたものが第1章で製作した正六面体モデルの部品で
す. すなわち，第1章の正六面体の組み立ての手順は，実は「三つ編み」の

手順そのものだったのです.

■正六面体と菱形六面体

　正六面体を菱形六面体の条件を保ったまま変形させると, 正六面体を編んでいた帯は図9.7のように菱形を連ねたギザギザ帯に変形します.

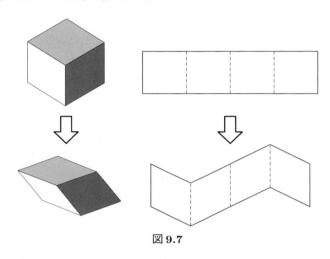

図9.7

　これに, のりしろとなる2枚の菱形を加えたものが菱形六面体を編む帯部品となりますが, 非対称性を考慮すると, 実際の3本の帯の形は図9.8のようにそれぞれ微妙に異なります.

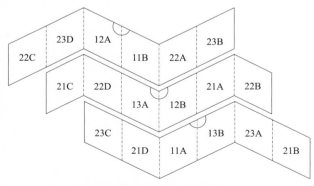

図9.8　菱形六面体編みの帯部品

菱形六面体の面の菱形はどのような形でもよいのですが，特に図9.8では対角線の長さの比を**黄金比**「$1 : \phi$」としています．ここで，ϕ[4]は**黄金数**と呼ばれる式 (9.1) で与えられる定数です．

$$\phi = \frac{1 + \sqrt{5}}{2} \ (= 1.618\cdots) \tag{9.1}$$

ちなみに，黄金比は次のような性質を持っています．

黄金比の性質

黄金比・黄金数に関して次が成り立つ．

(i)　正五角形の一辺の長さと対角線の長さの比は黄金比である．

(ii)　ϕ は次の二次方程式の大きい方の解である．

$$\phi^2 - \phi - 1 = 0 \tag{9.2}$$

(iii)　ϕ と三角関数に関して次の関係が成り立つ．

$$\phi = 2\cos 36° = 2\sin 54° = \frac{1}{2\sin 18°} = \frac{1}{2\cos 72°} \tag{9.3}$$

黄金比は他にも様々な興味深い性質を持っており[5]，特に正五角形が関係する多面体の値には黄金数が頻繁に現れます．

■正六面体と正四面体

「同じ数の帯を同じ手順で編んだもの」を同一視するならば，3本の帯で編んだ「正六面体」と「菱形六面体」は，「三つ編みリングボール」と同じと見なされます．さらに，第7章で3本の帯で編んだ「正四面体」も，実はこれらと同じものであると考えられます．

正六面体と正四面体が同一視されるというのは，にわかには受入れがたいかもしれませんが，図9.9の帯の変形に伴う正六面体から正四面体への変化を見ると，その解釈にも納得できるのではないでしょうか．

---

[4]「ϕ」はギリシア文字で「ファイ」や「フィー」などと読みます．

[5] 例えば，$a_1 = a_2 = 1$, $a_{n+2} = a_n + a_{n+1}$ $(n \geqq 1)$ という漸化式で与えられるフィボナッチ数列に対して，数列 $\{a_{n+1}/a_n\}$ は ϕ に収束します．

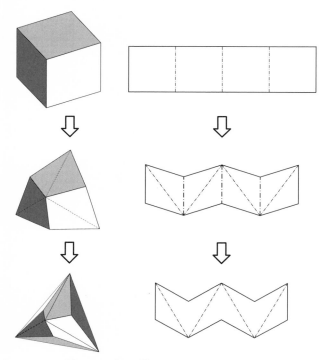

図 9.9　正六面体から正四面体への変形

この変形から次の事実を確認することができます.

- 正六面体の八つの頂点のうちの四つが，正四面体の四つの頂点に対応する（図 9.10）.

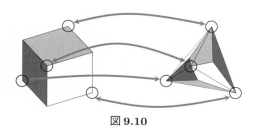

図 9.10

- 正六面体の八つの頂点のうちの四つが，正四面体の4枚の面の重心に対応する（図9.11）.

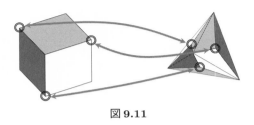

図 **9.11**

- 正六面体の6枚の面の対角線が，正四面体の6本の辺に対応する（図9.12）.

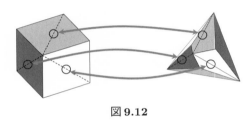

図 **9.12**

すなわち，第1章で紹介した正四面体と正六面体の面，辺，頂点の数の関係は次のように解釈することができます.

$$\underset{\text{（正六面体の頂点の数）}}{8} = \underset{\text{（正四面体の頂点の数）}}{4} + \underset{\text{（正四面体の面の数）}}{4}$$

$$\underset{\text{（正六面体の面の数）}}{6} = \underset{\text{（正四面体の辺の数）}}{6}$$

こうして，これまでに製作してきた正六面体，正四面体，三つ編みリングボール，そして今回製作した菱形六面体のモデルは，全て「3本の帯で同じ手順で編まれるもの」として同一視できることがわかりました.

9.3 菱形十二面体編み

菱形十二面体は，合同な12枚の菱形面で構成された多面体です．面の形

がどのような菱形でもよかった菱形六面体に対して，菱形十二面体を構成できる菱形は，対角線の長さの比が**白銀比**

$$1 : \sqrt{2}\,(= 1.414\cdots)$$

と黄金比の2種類に限られ，それ以外の菱形では十二面体を構成することができません．本書では，これらの菱形をそれぞれ**白銀菱形**，**黄金菱形**と呼ぶことにします．

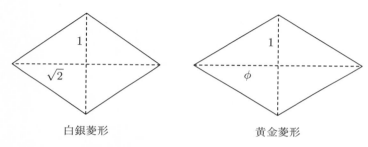

白銀菱形　　　　　　　　　　黄金菱形

　ここで，本書では白銀菱形面の菱形十二面体を**菱形十二面体**または**白銀菱形十二面体**，黄金菱形面の菱形十二面体を**菱形十二面体第二種**または**黄金菱形十二面体**と呼ぶことにします．

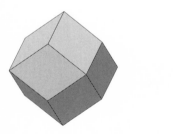

菱形十二面体（白銀菱形十二面体）

菱形十二面体第二種
（黄金菱形十二面体）

　第1章で紹介した方法を参考にしながら，菱形十二面体の面，辺，頂点の数 F, E, V を数えると次のようになります．

$$F = 12, \qquad E = 24, \qquad V = 14$$

また，頂点に集まる面の数は図9.13のように「3」または「4」です．

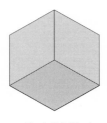 

3枚（頂点数8） 　　　　4枚（頂点数6）

図 **9.13**

特に，菱形十二面体には正多面体と同様に，全ての頂点を通る外接球と全ての面に接する**内接球**が存在し，それらの半径は次のようになります．

―**菱形十二面体の体積・外接球・内接球**――――――――

一辺の長さが1の菱形十二面体の体積，外接球と内接球の半径は表9.1のようになる．

表**9.1**

体積	外接球の半径	内接球の半径
$\dfrac{16\sqrt{3}}{9}$	$\dfrac{2\sqrt{3}}{3}$	$\dfrac{\sqrt{6}}{3}$

■菱形十二面体と四つ編みリングボール

四つ編みリングのボールには三角形と四角形の2種類のすき間があります．この帯の幅を広げていくと，図9.14のように三角形のすき間はつぶれてなくなりますが，四角形のすき間をつぶすことはできません．

図 **9.14**

　このときの帯の形は，図 9.15 のような二等辺三角形と菱形を六つずつ連ね
たものになります．ただし，菱形の一辺と二等辺三角形の底辺の長さの比は
およそ「1 : 0.51」です[6]．

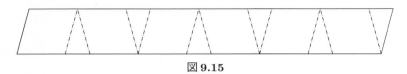

図 **9.15**

　まっすぐな帯ではこれ以上四角形のすき間を小さくすることはできません
が，帯がギザギザになることを許すと図 9.16 のようにさらに四角形のすき間
をつぶすように変形することができ，最終的に 12 か所の帯の交差が菱形に
なった菱形十二面体ができあがります．

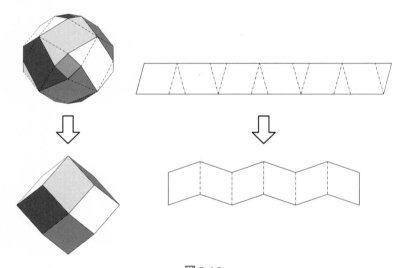

図 **9.16**

　この菱形が白銀菱形または黄金菱形（図は白銀菱形）で，1 本の帯に連な
る菱形の個数は四つ編みリングボールの 1 本の帯が 1 周する間に他の帯と交
わる回数である「6」です．

---

[6] 「0.51」の正確な値は，四つの異なる実数解を持つ 4 次方程式「$16x^4 - 8x^3 - 39x^2 + 12x + 4 = 0$」の 2 番目に大きな解です．

■菱形十二面体と中間モデルの製作

図9.17は，白銀菱形十二面体を編む帯部品です．

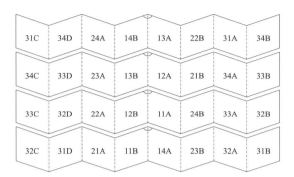

図9.17 白銀菱形十二面体編みの帯部品

一方，黄金菱形十二面体への変形は対称性が低いため，部品の帯の形は図9.18のように2種類になります．

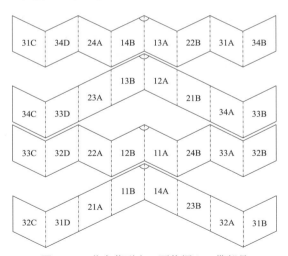

図9.18 黄金菱形十二面体編みの帯部品

四つ編みを経由せずに四つ編みリングボールを直接編むことができれば，図9.19の帯部品を4本使ってリングボールと菱形十二面体の中間モデルを作

ることができるはずです．このモデルでは，リングを作るときに7枚目の菱
形をのり付けする必要があります．

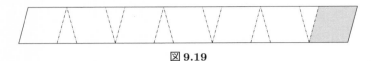

図 9.19

■菱形十二面体と正六面体と正八面体

「3本の帯で編んだもの」として正四面体と正六面体モデルが同一視できる
事実を紹介しましたが，同様に，第7章で「4本の帯で編んだもの」として
紹介した正六面体と正八面体モデルも同一視することができます．

実際，正六面体は帯の変形によって菱形十二面体が図9.20のように変化し
たものと考えられます．

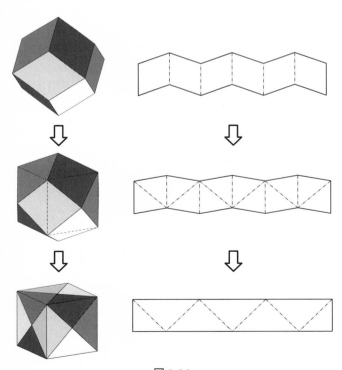

図 9.20

この変形から，菱形十二面体と正六面体の頂点，辺，面の数に関する次の
関係を確認することができます．

- 菱形十二面体の 14 の頂点のうちの八つが，正六面体の八つの頂点に対
  応する（図 9.21）．

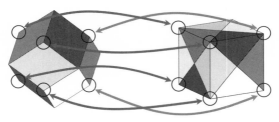

図 9.21

- 菱形十二面体の 14 の頂点のうちの六つが，正六面体の 6 枚の面の重心
  に対応する（図 9.22）．

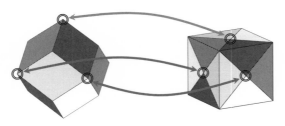

図 9.22

- 菱形十二面体の 12 枚の面の対角線が，正六面体の 12 本の辺に対応する
  （図 9.23）．

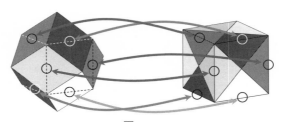

図 9.23

一方，正八面体は帯の変形によって菱形十二面体が図 9.24 のように変形したものと考えられます.

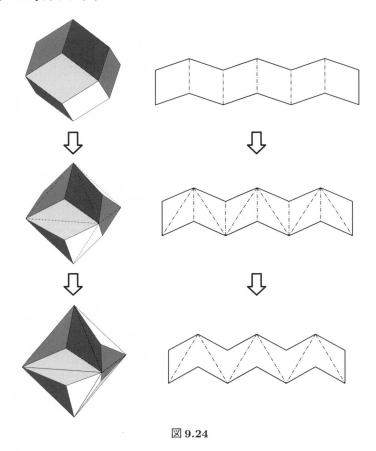

図 **9.24**

この変形から，菱形十二面体と正六面体の頂点，辺，面の数に関する次の関係を確認することができます.

- 菱形十二面体の 14 の頂点のうちの六つが，正八面体の六つの頂点に対応する（図 9.25）.

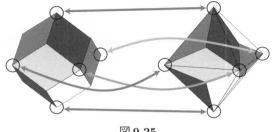

図 **9.25**

- 菱形十二面体の 14 の頂点のうちの八つが，正八面体の 8 枚の面の重心
  に対応する（図 9.26）.

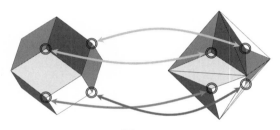

図 **9.26**

- 菱形十二面体の 12 枚の面の対角線が，正八面体の 12 本の辺に対応する
  （図 9.27）.

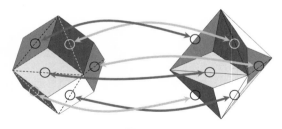

図 **9.27**

　以上の考察から，正六面体と正八面体と菱形十二面体の頂点，辺，面の数
に対して次の関係が成り立つことがわかります.

$$\underset{\text{(菱形十二面体の頂点の数)}}{\mathbf{14}} = \begin{cases} \underset{\text{(正六面体の頂点の数)}}{\mathbf{8}} + \underset{\text{(正六面体の面の数)}}{\mathbf{6}} \\[2ex] \underset{\text{(正八面体の頂点の数)}}{\mathbf{6}} + \underset{\text{(正八面体の面の数)}}{\mathbf{8}} \end{cases}$$

$$\underset{\text{(菱形十二面体の面の数)}}{\mathbf{12}} = \underset{\text{(正六面体の辺の数)}}{\mathbf{12}} = \underset{\text{(正八面体の辺の数)}}{\mathbf{12}}$$

　このように，第7章の正六面体と正八面体，第8章の四つ編みリングボール，そして本章で製作した菱形十二面体は，全て「4本の帯で同じ手順で編まれるもの」として同一視できることがわかりました．

第10章

菱形多面体編み 2

10.1　菱形三十面体編み

菱形三十面体は，合同な 30 枚の菱形で構成された図 10.1 のような多面体
です．

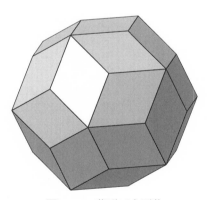

図 10.1　菱形三十面体

　菱形ならば何でもよかった菱形六面体や，2 種類あった菱形十二面体に対
して，菱形三十面体を構成できるのは黄金菱形に限られます．この多面体の
面，辺，頂点の数 F, E, V を，菱形十二面体と同様に第 1 章で紹介した方法
を参考にしながら数えると次のようになります．

$$F = 30, \qquad E = 60, \qquad V = 32$$

また，頂点に集まる面の数は図 10.2 のように「3」または「5」です．

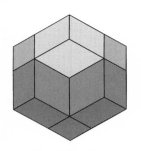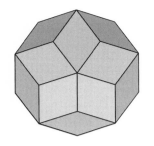

3枚（頂点数20）　　　　　　5枚（頂点数12）

図 **10.2**

■菱形三十面体と六つ編みリングボール

　第8章で製作した「六つ編みリングのボール」の帯同士のすき間は，三角形と五角形です．三つ編みや四つ編みリングボールの場合と同様に帯の幅を広げていくと，図10.3のように三角形のすき間がつぶれて五角形のすき間だけが残ります．

図 **10.3**

　このときの帯の形は，図10.4上右図のように二等辺三角形と菱形を10枚ずつ連ねたものになります．ただし，菱形の一辺と二等辺三角形の底辺の長さの比はおよそ「1：0.82」です[1]．ここからさらに，五角形のすき間をつぶすように帯の形をギザギザに変形していくと，最終的に図10.4下図のように，六つ編みリングボールの30の交差が変化した黄金菱形面で構成される菱形三十面体ができあがります．

---

[1] 四つ編みリングボールと菱形十二面体の中間モデルに比べてはるかに複雑な計算になるので，本書ではその求め方は紹介しません．

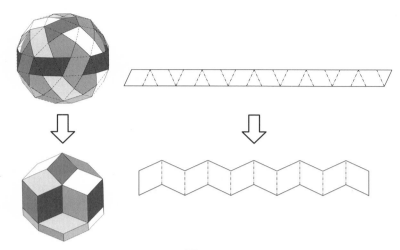

図 10.4

　ここで，1本の帯の菱形の個数は，六つ編みリングボールの1本の帯が1周する間に他の帯と交わる回数である「10」ですが，実際の部品は両端にのりしろとなる2枚の菱形を加えた図 10.5 の帯です.

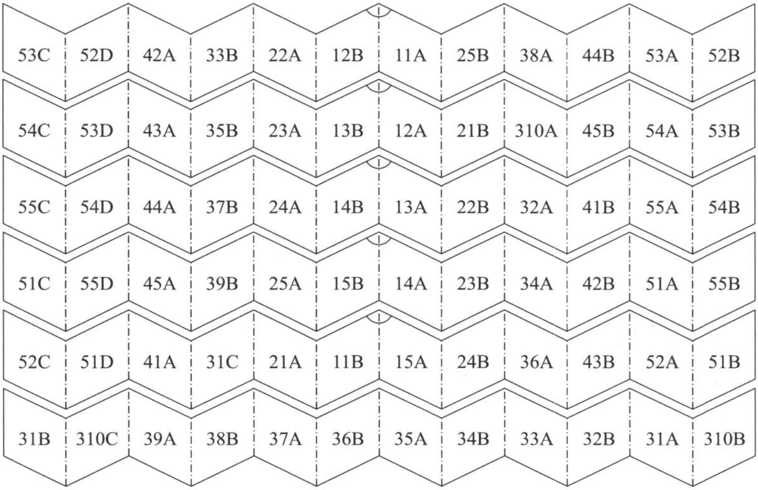

53C	52D	42A	33B	22A	12B	11A	25B	38A	44B	53A	52B
54C	53D	43A	35B	23A	13B	12A	21B	310A	45B	54A	53B
55C	54D	44A	37B	24A	14B	13A	22B	32A	41B	55A	54B
51C	55D	45A	39B	25A	15B	14A	23B	34A	42B	51A	55B
52C	51D	41A	31C	21A	11B	15A	24B	36A	43B	52A	51B
31B	310C	39A	38B	37A	36B	35A	34B	33A	32B	31A	310B

図 10.5 菱形三十面体編みの帯部品

■菱形三十面体と正十二面体と正二十面体

第9章で，「4本の帯で編んだもの」として菱形十二面体と正六面体と正八面体が同一視できる事実を紹介しました．これと同様に，「6本の帯で編んだもの」として菱形三十面体と正十二面体と正二十面体も同一視することができます．

まず，正十二面体は，菱形三十面体が帯の形とともに図10.6のように変形したものと考えられます．

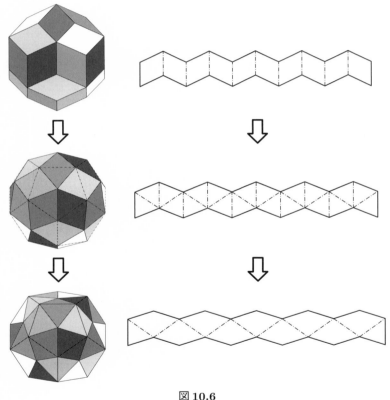

図 10.6

この変形から，菱形三十面体と正十二面体の頂点，辺，面の数に関する次の関係を確認できます．

- 菱形三十面体の 32 の頂点のうちの 20 個が，正十二面体の 20 個の頂点に対応する（図 10.7）．

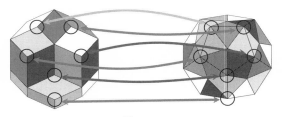

図 10.7

- 菱形三十面体の 32 の頂点のうちの 12 個が，正十二面体の 12 枚の面の重心に対応する（図 10.8）．

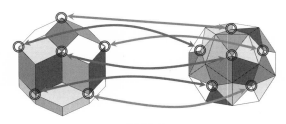

図 10.8

- 菱形三十面体の 30 枚の面の対角線が，正十二面体の 30 本の辺に対応する（図 10.9）．

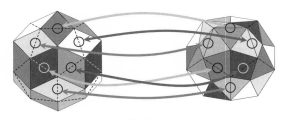

図 10.9

一方，正二十面体は，菱形三十面体が帯の形とともに図 10.10 のように変形したものと考えられます．

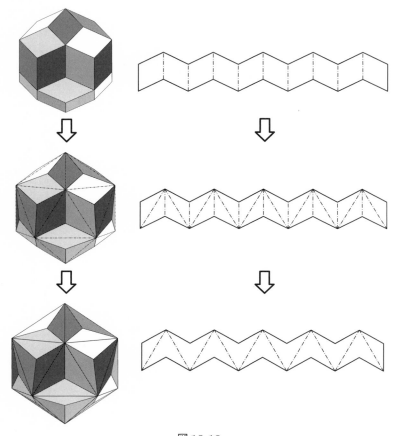

図 10.10

この変形から，菱形三十面体と正十二面体の頂点，辺，面の数に関する次の関係を確認できます.

- 菱形三十面体の 32 の頂点のうちの 12 個が，正二十面体の 12 個の頂点に対応する（図 10.11）.

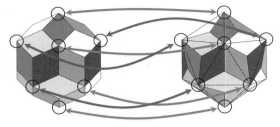

図 10.11

- 菱形三十面体の 32 の頂点のうちの 20 個が，正二十面体の 20 枚の面の重心に対応する（図 10.12）.

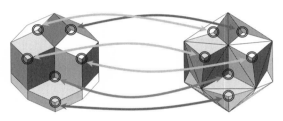

図 10.12

- 菱形三十面体の 30 枚の面の対角線が，正二十面体の 30 本の辺に対応する（図 10.13）.

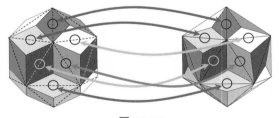

図 10.13

以上の考察から，正十二面体と正二十面体と菱形三十面体の頂点，辺，面の数に対して次の関係が成り立つことがわかります.

$$
\underbrace{32}_{\text{(菱形三十面体の頂点の数)}} =
\begin{cases}
\underbrace{20}_{\text{(正十二面体の頂点の数)}} + \underbrace{12}_{\text{(正十二面体の面の数)}} \\[2ex]
\underbrace{12}_{\text{(正二十面体の頂点の数)}} + \underbrace{20}_{\text{(正二十面体の面の数)}}
\end{cases}
$$

$$
\underbrace{30}_{\text{(菱形三十面体の面の数)}} = \underbrace{30}_{\text{(正十二面体の辺の数)}} = \underbrace{30}_{\text{(正二十面体の辺の数)}}
$$

このように，第7章の正十二面体と正二十面体，第8章の六つ編みリングボール，そして本章で製作した菱形三十面体は，全て「6本の帯で同じ手順で編まれるもの」として同一視できることがわかりました.

10.2　菱形二十面体編み

菱形二十面体は，20枚の黄金菱形で構成された図10.14のような多面体で，菱形三十面体の中間部分を切り詰めたような平たい形をしています.

図10.14　菱形二十面体

菱形二十面体の面，辺，頂点の数 F, E, V は

$$
F = 20, \qquad E = 40, \qquad V = 22
$$

であり，頂点に集まる面の数は図10.15のように「3」，「4」または「5」です.

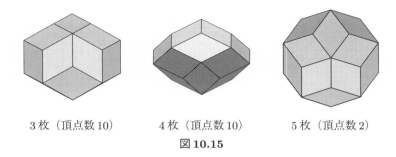

3枚（頂点数 10）　　　　4枚（頂点数 10）　　　　5枚（頂点数 2）

図 10.15

■菱形二十面体と五つ編みリングボール

　第8章で製作した「五つ編みリングのボール」の帯同士のすき間は，三角形，四角形，五角形の3種類です．これまでと同様に帯の幅を広げていくと，図 10.16 上図のように帯が六つ編みリングボールと菱形三十面体の中間モデルと同じ形になったときに三角形のすき間がつぶれます．

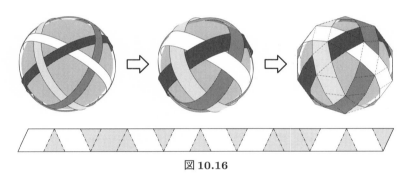

図 10.16

　ただし，六つ編みの場合には，編み上げたときに帯同士が重なっていなかったのは二等辺三角形の部分でしたが，五つ編みの場合には図 10.16 下図の灰色の部分がそれにあたります．さらにすき間をつぶすように変形していくと，最終的には図 10.17 上図のように菱形二十面体になり，部品の帯は図 10.17 下図のよう 8 枚の黄金菱形を連ねた形になります．

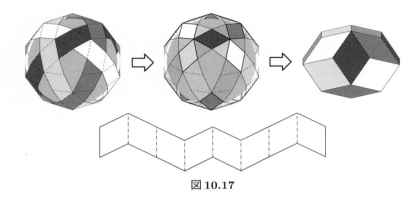

図 10.17

　こうしてでき上ったギザギザの帯の両端に，のりしろとなる 2 枚の黄金菱形を加えた図 10.18 の 5 本の帯部品を編んでいくと，菱形二十面体ができ上がります．

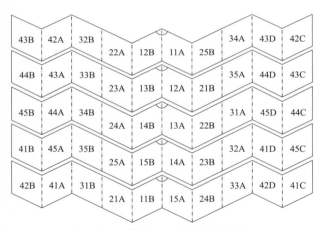

図 10.18　菱形二十面体編み帯部品

　平べったく対称性が低い菱形二十面体は，それゆえになかなか味わいのある多面体ですが，正多面体と密接な関係を持っていた菱形十二面体や菱形三十面体に比べると，数学的な美しさという面では多少見劣りがします．

　なお，第 1 章で 5 本の帯で編んだ正二十面体モデルのブレイドは式 (10.1) で表されます．

$$(\sigma_1^{-1}\,\sigma_2\,\sigma_3\,\sigma_4)^5 \tag{10.1}$$

一方，五つ編みリングボールや菱形二十面体編みのブレイドは式 (10.2) となり，これらは構造が異なるために同一視することはできません.

$$(\sigma_1\,\sigma_2^{-1}\,\sigma_3\,\sigma_4^{-1})^5 \ （または鏡像 \ (\sigma_1^{-1}\,\sigma_2\,\sigma_3^{-1}\,\sigma_4)^5） \tag{10.2}$$

第 11 章

菱形多面体編み3

　ここまで，3 〜 6本の帯で編むリングボールとそれらを変形してできる菱形多面体を紹介しましたが，今回はそれを発展させ，12本の帯で編むリングボールとそれに対応する菱形多面体モデルを製作してみましょう．

11.1　十二編みリングボール

　本章で製作するのは，本書では**十二編みリングボール**と呼ぶ図11.1のような，その名の通り12本の帯で編まれたボールです．ただし，図11.1の左右のリングボールは同じものを角度を変えて眺めたものです．

図 **11.1**　十二編みリングボール

■十二編みリングボールの構造

まず，この十二編みリングボールの構造について考察しておきましょう．

- ブレイド

  十二編みリングボールは 3 〜 6 本の帯で編んだリングボールとは異なり，12 本のブレイドの両端をリング状につなげても作ることはできません．また，帯が作るリングはボールの大円ではありません．

- 帯の交差の数

  1 本のリングは 1 周する間に他の帯と 10 回交差しているので，十二編みリングボールの交差の数は「$10 \times 12 \div 2 = 60$」です．ちなみに，リングが大円の場合は，1 本の帯は必ず他の帯と 2 回交差するので，第 8 章で考察したように n 編みリングボールの交差の総数は $n(n-1)$ となりますが，十二編みリングボールはこの公式にはあてはまりません．

- 籠目の配置

  十二編みリングボールの籠目は $K_3, \overline{K_4}, K_5$ の 3 種類で，K_3 と K_5 はそれぞれ $\overline{K_4}$ に囲まれています．このように，十二編みリングボールは第 8 章で考察した三・四・六つ編みほどではありませんが，五つ編みよりも高い対称性を持つことがわかります．また，この籠目を多面体の面と見なすと，その配置は半正多面体の一種である**斜方二十・十二面体**と同一視できることが図 11.2 からも確認できます．

 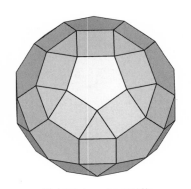

十二編みリングボール　　　　　　斜方二十・十二面体

図 11.2

- **帯の形**

　十二編みリングボールの外形を斜方二十・十二面の外接球[1]，帯が作る円を図11.3のように斜方二十・十二面体上の10個の頂点を結んでできる正十角形の外接円と考えると，この円は外接球の大円ではありません.

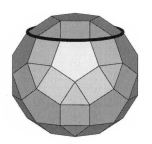

図 **11.3**

したがって，帯の形はこれまでのように真っすぐではなく，図11.4のようにリング状にしたときにボールの表面と接するように弧を描いていなければなりません.

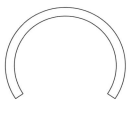

図 **11.4**

■十二編みリングボールの製作

1. 材料

　帯の材料は，これまで作ったリングボールと同様にあまり厚くない厚紙を

---

[1] 斜方二十・十二面を含む全ての半正多面体には外接球が存在します.

使います．また，製作時に核として使う適当な大きさのボール，例えば野球のボールなどを準備しておきましょう．

2. 帯の設計

厚紙で作った図 11.5 のような円弧形の部品を 12 本用意します．ここで，左端の破線から先の部分はのりしろです．

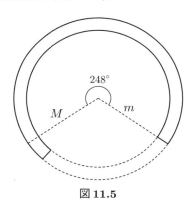

図 11.5

部品の外側の円弧の半径 M の理論値は，核となるボールの半径 R に対して式 (11.1) のように定めます．

$$M = \frac{\sqrt{50 - 10\sqrt{5}}}{5} R \approx 1.05R \tag{11.1}$$

実際には長さに少し余裕を持たせた方がよいので，目安としては，この値よりも 10％程度大きめにするとよいでしょう．また，部品の内側の円弧の半径 m は M のおよそ 85％です．この割合にこだわる必要はありませんが，帯が細くなるように割合を大きくした方が編みやすく，太過ぎるとすき間がなくなり編むことができなくなってしまいます．例えば，核が「半径 36mm の軟式野球ボール」や「半径が 49mm のソフトボール」の場合，実際の部品の寸法はおおよそ表 11.1 のようにするとよいでしょう．

表11.1

	ボールの半径	M	m
野球ボール	36mm	42mm	35mm
ソフトボール	49mm	57mm	48mm

　円弧の中心角の約「248°」はリングにした帯がボールに接するための理論値です．実際に製作するときには数度の誤差は許容範囲ですが，誤差が大き過ぎると完成後にきれいな形のボールにはなりません．なお，M と R の関係や中心角の値の導出方法は，本章の最後で紹介します．

3. 部品の組み立て

　十二編みリングボールの組み立ては，これまでの工作の中で最も難度が高いので，以下の手順を参考に根気強く進めていきましょう．

　まず，ボールの上に1本目のリングを置き，図のように2本目，3本目を編んでのり付けしていきます．

6本目までのリングを編んだら横に向け

5本のリングをぐるりと編んでいきます．

ここでボールを取り出し，最後の 12 本目を編むと完成です．

十二編みリングボール製作時の注意

- 部品の切り出しは，円を切る専用のカッターを使うと素早くきれい
  にできます．
- 部品には組み立て前に丸みをつけておき，ピンセットを使って丁寧
  に編んでいきましょう．
- リングの接着部分は，組み立て後に交差する帯の下に隠すとよりき
  れいに見えます．

十二編みリングボールは，異なる 4 色や 6 色の部品を使った「きれいな」
塗り分けもあるので挑戦してみましょう．ちなみに，図 11.6 左図は 4 色，右
図は 6 色に塗り分けたものです．

図 11.6

11.2　菱形六十面体編み

　第9章と第10章では，三・四・五・六つ編みリングボールを変形し，それ
ぞれの帯の交差と等しい数の面を持つ菱形多面体を紹介しました．十二編み
リングボールに対しても，帯の交差の回数と等しい60枚の菱形面を持つ図
11.7のような多面体が考えられます．

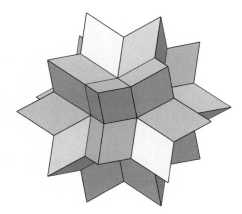

図11.7　菱形六十面体

　本書では，この多面体を**菱形六十面体**と呼ぶことにします．ただし，実物
を手にとって確認するとわかりますが，菱形六十面体の60枚の面のうち2
枚づつが同一平面上にあるため，実際には菱形三十面体と同じ30枚の平面
で囲まれた多面体であることから**星型菱形三十面体**とも呼べる多面体です．

　図11.8の12本のギザギザ帯が菱形六十面体編みの部品です．部品の形は
菱形三十面体と同じですが，面の数が2倍であることから使用する本数は2
倍の「12」，さらに凸型の多面体ではないために山折りと谷折りがあります．

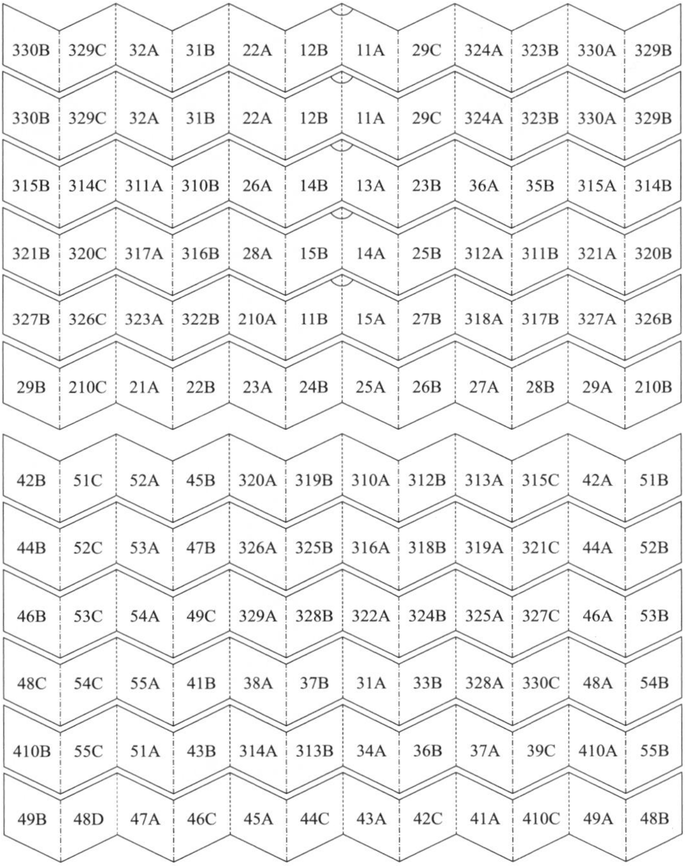

図 11.8　菱形六十面体編み帯部品

　組み立ては，これまでに作ってきた多面体編み同様，番号に沿って編んでいくだけです．最初に 11A, 11B, . . . , 15A, 15B がある 5 本を組んだ後に，21B, . . . , 210B がある 6 本目を図 11.9 左図の濃い色の位置に鉢巻きのように編みこみます．これは，図 11.9 右図の 12 本リング編みの 1 本のリングに対応しています．

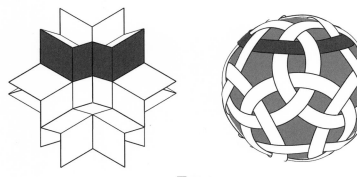

図11.9

　帯の数が増えるために組み立てはかなり複雑になりますが，完成するとこれまで作ってきたどの多面体編みモデルより強固になります．

11.3　十二編みリングボールの設計

　本章の最後に，十二編みリングボールの部品の「円弧の半径と中心角」について考察してみましょう．

■斜方二十・十二面体の性質

　まず，斜方二十・十二面体の性質の確認をしておきます．

> **斜方二十・十二面体の性質**
>
> 斜方二十・十二面体の頂点，辺，各面の数，および一辺の長さが l であるときの外接球の半径 R は，表11.2および式 (11.2) のようになる．
>
> **表11.2**
>
> | 頂点 | 辺 | 正三角形面 | 正方形面 | 正五角形面 |
> |------|-----|-----------|---------|-----------|
> | 60 | 120 | 20 | 30 | 12 |
>
> $$R = \frac{\sqrt{11 + 4\sqrt{5}}}{2} l \tag{11.2}$$

■リングの半径

　部品のリングは，図11.10のように，斜方二十・十二面体上の10個の頂点を結んでできる正十角形の外接円としました.

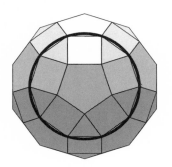

図11.10

　斜方二十・十二面体の一辺の長さと正十角形の一辺の長さは等しいので，この値をlとすると，第2章の式 (2.1) と第9章で紹介した黄金比と三角関数の関係式 (9.3) より，外接円の半径rは次で与えられます.

$$r = \frac{l}{2 \sin 18°} = \phi l$$

したがって，斜方二十・十二面体の性質より，外接球の半径Rはrを用いて次のように表されます.

$$R = \frac{\sqrt{11 + 4\sqrt{5}}}{2} \times \frac{r}{\phi} = \frac{\sqrt{26 + 2\sqrt{5}}}{4} r \tag{11.3}$$

ここで「ボールの表面に接する帯」を，図11.11左図のように，先ほどの正十角形の外接円を底面に持つ円錐の一部と見なします.

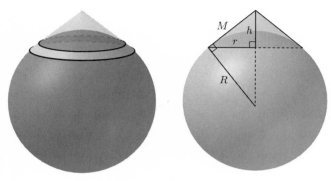

図 11.11

この円錐の展開図となる扇形の半径と中心角が，部品の扇形の半径の M と中心角 $\theta(\approx 248°)$ と一致するので，次が成り立ちます．

$$\frac{r}{M} = \frac{\theta}{360} \tag{11.4}$$

また，円錐の高さを h とすると，図 11.11 右図より

$$\frac{M}{h} = \frac{M}{\sqrt{M^2 - r^2}} = \frac{R}{r} \tag{11.5}$$

となることがわかります．ここで式 (11.3) と式 (11.5) から r を消去すると，帯の設計で用いた M と R の関係式

$$M = \frac{\sqrt{50 - 10\sqrt{5}}}{5}R \approx 1.05R$$

が得られます．さらに式 (11.4) と式 (11.5) より

$$\frac{R}{r} = \frac{\sqrt{26 + 2\sqrt{5}}}{4} = \frac{1}{\sqrt{1 - \left(\dfrac{\theta}{360}\right)^2}}$$

となり，これを θ について解くと

$$\theta = \frac{360\sqrt{615 + 82\sqrt{5}}}{41} = 248.09\cdots$$

が次が得られます．この値が，部品の扇形の中心角「248°」の正体です．

第**12**章

菱形十二面体の空間充塡

　第9章では，4本のギザギザ帯を編んで菱形十二面体を作りましたが，今回は菱形十二面の面が白銀菱形であることに注目し，少し違った方法でこの立体のモデルを製作してみましょう.

12.1　白銀比の長方形

　紙のサイズとして最も標準的な，A4判やA5判などの**A**列と呼ばれる規格は，面積が$1\mathrm{m}^2$で二辺の長さの比が白銀比（$1:\sqrt{2}$）の長方形であるA0判を基準に，図12.1のようにその半分をA1，A1の半分をA2と定めていったものです.

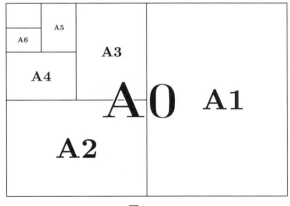

図 12.1

　A0 判の長方形の短辺の長さを x とすると，長辺の長さは $\sqrt{2}x$ と表されます．このとき，A1 判の長方形の短辺と長辺の長さの比は

$$\frac{\sqrt{2}x}{2} \; : \; x = 1 \; : \; \sqrt{2}$$

と，やはり白銀比になります．同様にして，A2, A3 と，A 列の長方形はすべて白銀比になります．この最も手に入りやすい A 列の紙を使うと，白銀菱形から菱形十二面体を定規やハサミを使わずに作ることができます．

12.2　白銀四面体の製作

　チューブ状のフィルムを一定間隔で縦横交互に仕切って作る四面体のパッケージは，その効率的な製造方法から飲料水や小分けのお菓子などに広く用いられています．同様の方法で，A 判のコピー用紙のような辺の長さの比が白銀比の紙を使い，図 12.2 のようなモデルを作ってみましょう．

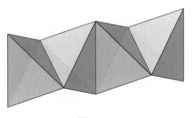

図 12.2

　このようにして作られる四面体の各面は，高さと底辺の長さの比が白銀比の二等辺三角形になるので，本書ではこれを**白銀四面体**と呼ぶことにします．

(1) 折り目を付ける
　図 12.3 のように A4 用紙に折り目をつけます．

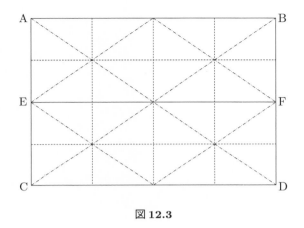

図 **12.3**

(2) 封筒を作る

図 12.4 のように EF を谷折りし，AB，BF の部分をテープなどで留めてふさいで封筒を作ります．

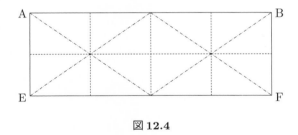

図 **12.4**

(3) 白銀四面体をふくらませる

折筋をつけた山折りを使い，白銀四面体を図 12.5 のように順番にふくらませていきます．

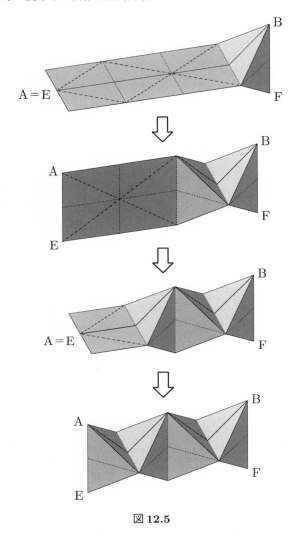

図 **12.5**

最後に AE をテープなどでふさぐと完成です.

12.3 白銀四面体で組み立てる菱形十二面体

図12.6左図の4個の白銀四面体がつながったモデルの頂点BとG, EとI, HとJが接するように, 図12.6右図のように変形します. すると, 1枚の白銀菱形面, 2枚の二等辺三角形面, 2枚の台形面を持つ五面体ができます.

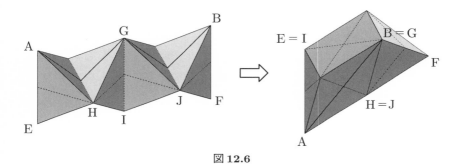

図12.6

さらに, これと同じものをあと五つ, 合計24個の白銀四面体を作ります. これらを組み立てると図12.7のような菱形十二面体が完成します.

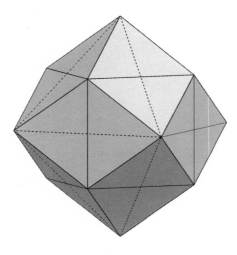

図12.7

12.4　菱形十二面体による空間充填

　同じ大きさの直方体のレンガブロックは，平らな地面にすき間なく敷き詰めることができます．さらに，その上にレンガブロックを同じように積み上げていくことによって，どんなに広い空間でもすき間なくレンガブロックで埋め尽くすことが可能です．このように，空間を立体ですき間なく埋め尽くすことを**空間充填**といい，そのようなことが可能な立体のことを**空間充填可能な立体**といいます．直方体や立方体，菱形六面体などが空間充填可能な立体であることは明らかですが，菱形十二面体も空間充填可能な立体の一つです．実際に同じ大きさの菱形十二面体をいくつか作り，例えば図 12.8 のように，それらがすき間なく積み重ねられることを確かめてみましょう．

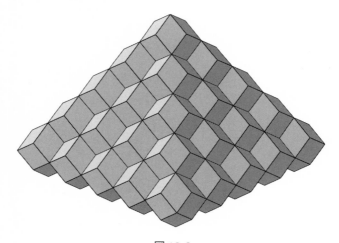

図 12.8

　ところで，球は明らかに空間充填可能な立体ではありませんが，**最密充填**という図 12.9 のような「最も密度が高くなるような同じ大きさの球の並び方」が存在します．この最密充填は，結晶構造として現れる**六方最密充填**や**面心立方格子**，また容器に入れたパチンコ玉の配置など身の周りでも目にすることができます．

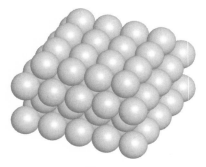

図 12.9

　最密充填された球を空気の入った風船と考え，これらに空気を入れてさら
に膨らませていきます．風船は球と球のすき間を埋めるように膨張し，図
12.10 左図のように，最終的には膨らんだ風船によって空間が充填されます．
このときできる立体が，図 12.10 右図の菱形十二面体だと考えられます．

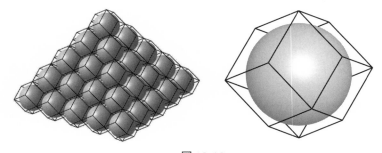

図 12.10

　ところで，球による最密充填は，どれくらい「ぎっしりと詰まった」状態
なのでしょうか？ この問題には，第 9 章で紹介した菱形十二面体の体積と
内接球の半径を用いて答えることができます．実際，最密充填された球が空
間に占める体積の割合は，菱形十二面体の体積 V_1 に対する内接球の体積 V_2
の割合に等しいと考えられるので，その値は式 (12.1) より，およそ 74% であ
ることがわかります．

$$\frac{V_2}{V_1} = \frac{4}{3}\pi \left(\frac{\sqrt{6}}{3}\right)^3 \div \frac{16\sqrt{3}}{9} = \frac{\sqrt{2}}{6}\pi = 0.7404\cdots \tag{12.1}$$

第13章

黄金菱形多面体の積み木

本書では，全ての面が合同な菱形で構成された多面体を菱形多面体と呼びましたが，その中でも特に，面が黄金菱形の多面体を**黄金菱形多面体**と呼ぶことにします．今回は，この黄金菱形多面体をブロックのように組み立ててできる不思議な立体を紹介ます．

13.1　黄金菱形六面体

第9章で紹介した菱形六面体のうち，面が黄金菱形であるものを**黄金菱形六面体**と呼ぶことにします．黄金菱形六面体には，図 13.2 のように「尖った」形の**尖鋭黄金菱形六面体**と，図 13.1 のように「平たい」形の**扁平黄金菱形六面体**の 2 種類があります．

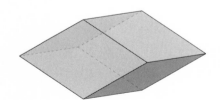

図 **13.1**　尖鋭黄金菱形六面体　　　　図 **13.2**　扁平黄金菱形六面体

画像だけでは立体としての形状を把握しづらいので，図 13.3 と図 13.4 のようなギザギザ帯を編んで実物を作り，その形を確認してみましょう．

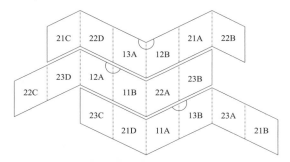

図13.3 尖鋭黄金菱形六面体編み帯部品

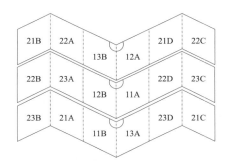

図13.4 扁平黄金菱形六面体編み帯部品

　これら2種類の菱形多面体は，タイルのように敷き詰めてそれを積み重ねるシンプルな方法で空間充填が可能です．しかし，面の形が等しいこの2種類の黄金菱形六面体を組み合わせると，複雑で多彩なパターンでの空間充填が可能です．少々大変ですが，同じ大きさの黄金菱形六面体をたくさん作ってその事実を確かめてみましょう．

13.2　黄金菱形十二面体

　第9章で紹介した黄金菱形十二面体は，2種類の黄金菱形六面体をそれぞれ2個ずつ用いて次のように構成することができます．

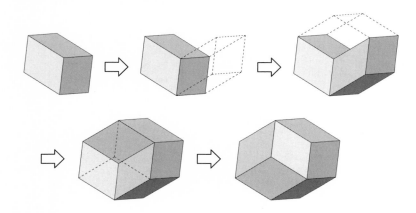

　このようにしてできあがった黄金菱形十二面体は，白銀菱形面の菱形十二面体と同様に空間充填可能な立体です．

13.3　菱形二十面体

　第10章で紹介した菱形二十面体は黄金菱形多面体の一つですが，この立体は，黄金菱形十二面体に対してさらに2種類の黄金菱形六面体をそれぞれ3個ずつ加えて次のように構成することができます．

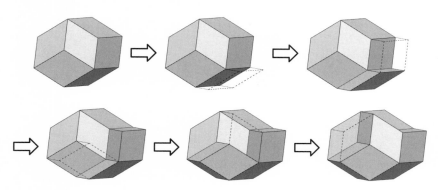

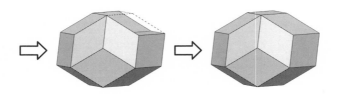

13.4 菱形三十面体

第10章で紹介した菱形三十面体も黄金菱形多面体の一つです．この立体
は，黄金菱形二十面体に2種類の黄金菱形六面体をそれぞれ5個ずつ加えて
次のように構成することができます．

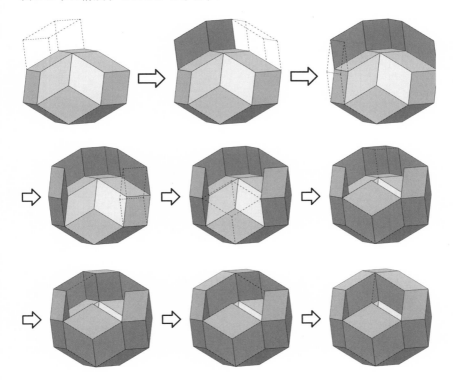

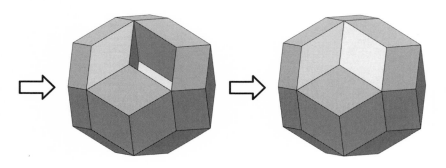

13.5　菱形六十面体

　第11章で紹介した菱形六十面体は，次のように20個の尖鋭黄金菱形六面体で構成することができます.

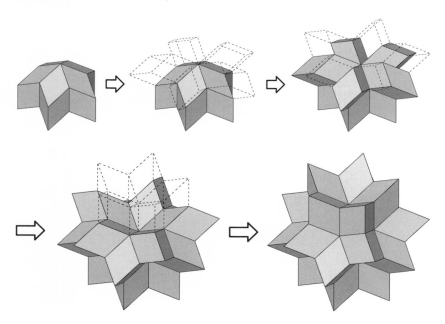

13.6　黄金菱形多面体で作る金平糖

　菱形六十面体の5枚の菱形が集まってできている凹の部分は，菱形三十面体の5枚の菱形が集まってできている凸の部分に尖鋭黄金菱形六面体を積み上げて作られることがわかりました．すなわち，この「凹」と「凸」の部分はすき間なくぴったりとくっつけることができます．

　例えば，1個の菱形六十面体と5個の菱形三十面体をくっつけると図13.5のようになります．

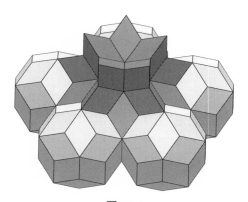

図 13.5

　菱形二十面体の同じ「凸」の部分も，菱形三十面体と同様に菱形六十面体の「凹」の部分とぴったりくっつけることができます．以降，菱形六十面体，菱形三十面体，菱形二十面体をそれぞれ R_{60}, R_{30}, R_{20} と表し，これらの立体を組み合わせていろいろな立体を組み立ててみましょう．なお，以降の黄金菱形多面体に付けられた名称は正式なものではありません．

13.7　黄金菱形金平糖

　R_{60} の12か所の凹の部分に12個の R_{30} の凸の部分をくっつけると，次の金平糖のような立体，図13.6ができあがります．

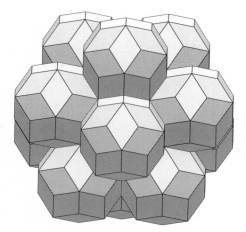

図13.6 黄金菱形金平糖

第4章で紹介した正十二面体の塗り分けをヒントに，カラフルな金平糖を作ってみましょう．

13.8 黄金菱形梅干し

R_{60} の12か所の凹の部分に12個の R_{20} をくっつけると，金平糖よりも少し凹凸が少ない梅干しのような立体，図13.7ができます．

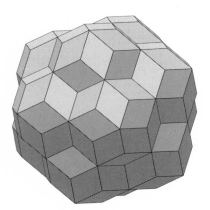

図13.7 黄金菱形梅干し

菱形二十面体を赤い紙で作ると，完成した立体は，かなり梅干しらしく見えます．

13.9 黄金菱形ドリアン

黄金菱形多面体モデルの集大成として，13個の R_{60}，20個の R_{30}，12個の R_{20} を使ってドリアンのような立体を作ってみましょう．気の遠くなる数のギザギザ帯を切り出し編んでいく必要がありますが，完成品の存在感はその苦労に見合う価値があると思います．

(1) 5個の R_{30} を下図のように R_{60} の凹の部分にくっつけます．この部分は固定されていなければならないので，のりなどで接着する必要があります．

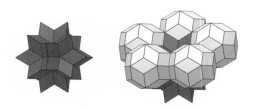

(2) (1)の R_{30} の外側に5個の R_{60} を接着します．さらに，それらのすき間に R_{30} を挿入します．この R_{30} は接着の必要はありません．

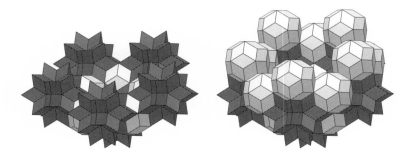

(3) (2)で接着した5個の R_{60} 上に，それぞれ R_{30} をのせます．さらに，(2)の R_{30} の上，(3)の R_{30} のすき間に，R_{60} を挿入します．

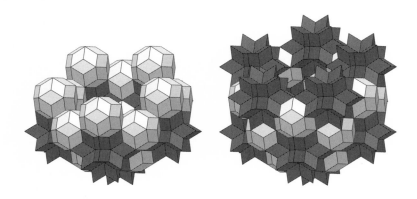

(4) 最後に5個の R_{30} と1個の R_{60} でふたをすると，ドリアンのような棘の
ある球状の立体，図13.8が完成します．

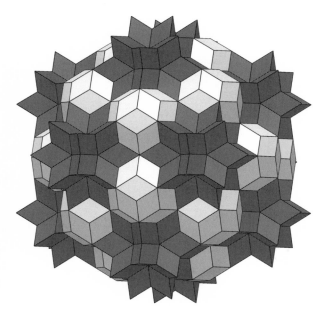

図13.8　黄金菱形ドリアン

　ここまでで，12個の R_{60} と20個の R_{30} の合計32個の菱形多面体を使い
ました．ところで，このドリアンの内部は空洞でしたが，残った1個の R_{60}

と 12 個の R_{20} でできる黄金梅干しが，ドリアンの種のように内部の空洞にぴったりと収まります．

第 14 章
星型八面体編み・星型十二面体編み

　第 6 章では，星型正八面体と星型正十二面体モデルを切り込みを入れた多角形部品を組み合わせて作りましたが，今回は第 7 章と第 9 章で紹介したギザギザ帯を編む方法で作ってみましょう．

14.1　星型八面体編み

　第 6 章では，星型八面体を 8 枚の正三角形で構成される多面体と考えました．

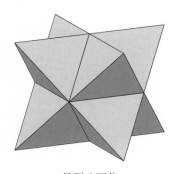

星型八面体

　一方，星型八面体とそれを編む部品のギザギザ帯は，第 7 章の正八面体とその部品を，「菱形十二面体」と「直角二等辺三角形面の二十四面体」を介して図 14.1 のように変形させたものと考えることもできます．

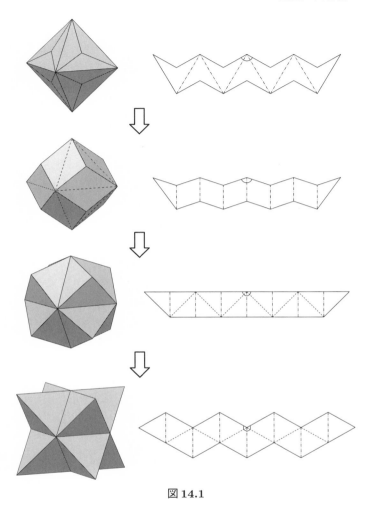

図 14.1

　この正三角形を連ねてできる図 14.2 の 4 本のギザギザ帯を，正八面体の場合と同じように編むことによって星型八面体を製作することができます．

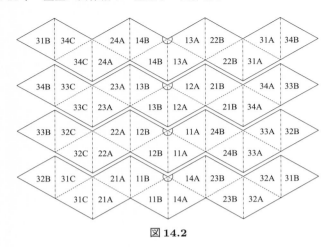

図 14.2

　番号とアルファベットなしで星型八面体を編めるようになったら，図 14.3
に従って，完成後に同一平面上になる面を同じ色で塗り分けてみましょう．
ここで，番号と下線の有無が一致したものは完成後に同一平面上にある面で
す．また，同じ番号で下線の有無は，完成後に互いに平行で背を向けた関係
になることを意味しています．これらの面は同時に見えることはないので，
同じ色で塗っても問題ありません．

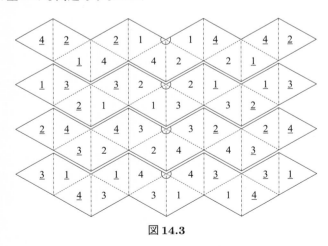

図 14.3

14.2 星型十二面体編み

第6章で紹介した3種類の星型十二面体も，第7章で製作した正十二面体と同様に6本のギザギザ帯の部品を編んで作ることができます．

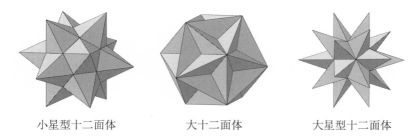

小星型十二面体 　　　大十二面体 　　　大星型十二面体

■小星型十二面体編み

小星型十二面体とそれを編む部品のギザギザ帯は，「正十二面体」と「菱形三十面体」を介して図14.4のように変形されたものと考えられます．

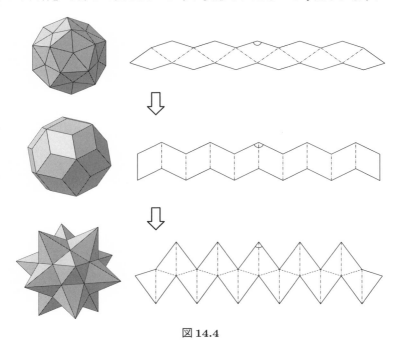

図14.4

　小星型十二面体を編むギザギザ帯は，図14.5のような頂角が36°の二等辺三角形を連ねたものですが，編む手順を表す番号とアルファベットは基本的に第7章の正十二面体や第10章の菱形三十面体編みと同じです．

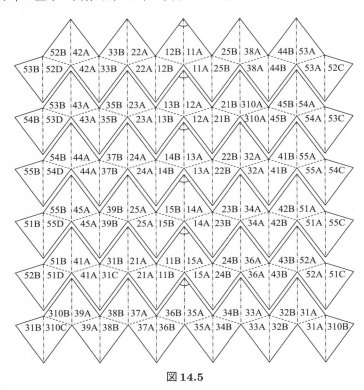

図14.5

14.3　大十二体編み

　大十二面体とそれを編む部品のギザギザ帯は，図14.6のように「正二十面体」の各面を三角錐状に凹ませたものだと考えられます．

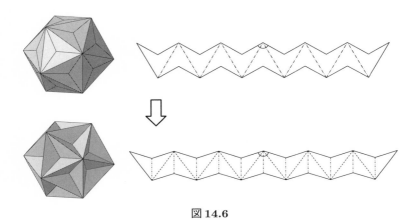

図 14.6

　大十二面体を編むギザギザ帯は，図 14.7 のような頂角が 108° の二等辺三角形を連ねたものです．

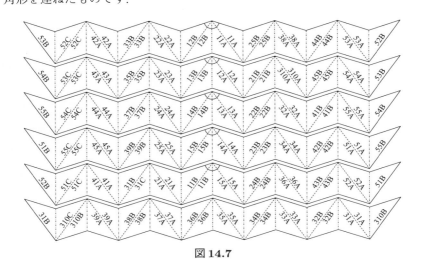

図 14.7

■大星型十二面体編み

　大星型十二面体とそれを編む部品のギザギザ帯は，「正二十面体」と「直角二等辺三角形面の六十面体」を介して図 14.8 のように変形されたものと考えられます．

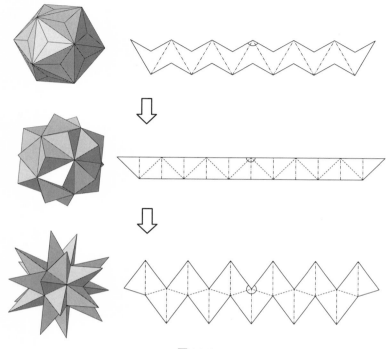

図 14.8

　大星型十二面体を編むギザギザの帯は，小星型十二面体のものと同じ図
14.9のような頂角が36°の二等辺三角形を連ねたものですが，部品同士を重
ねる円弧のマークの位置が違うので実際の編み方は異なります．ただし，「6
本の帯で編まれたもの」という意味では他の星型十二面体と同じ構造である
といえます．

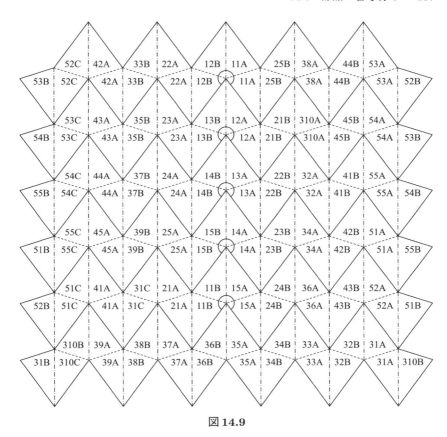

図 14.9

14.4　部品の番号付け

　本章の最後に，これまで触れていなかったギザギザ帯を編む手順を表す
「番号」の付け方について考察してみましょう．ここでは，特に6本の帯で
編むモデルについて考えますが，帯の数が異なる場合も同様の方法で番号付
けをすることができます．

　すでに確認したように，ギザギザ帯から編まれる多面体モデルは，帯の数
が等しいリングボールと同じ「編み」の構造をしていることから，これらの
番号とアルファベットはリング編みボールを編む手順を表すものでもありま

す.「六つ編み」を丸めてリングボールを作る手順は第8章で紹介しました
が，ここでは直接ボールを編む手順，すなわち，図10.5のような菱形三十面
体編みの組み立て手順を表す帯部品の番号付けの方法について考察してみま
しょう.

(1) 六つ編みリングボールの射影

　　帯を適当に変形させることにより，六つ編みリングボールの帯の交差は
　　図14.10のように平面上に射影して表すことができます．ただし，交差
　　の上下関係は省略しています.

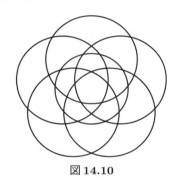

図 14.10

この図の中心から外側に向かって帯の交差に「番号付け」をしていくこ
とが帯を編む手順に対応します．また，リングを切断して編みをほどい
たとき，各帯の「他の帯と交差する場所」につけられていた番号の並び
がギザギザ帯の部品に付けられた番号の並びに対応します.

(2) 番号 1*～2*

　　図14.10の中心に最も近い5か所の交差に，図14.11左図のように反時
　　計回りに「11」から「15」までの番号をつけます．さらに図14.11右図
　　のように，その外側の5か所の交差に同じように「21」から「25」まで
　　の番号をつけます.

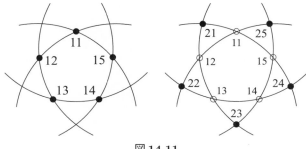

図 **14.11**

(3) 番号 3∗

図 14.12 のように，中心から 3 番目に近い円周上の 10 か所の交差に「31」から「310」までの番号をつけます．

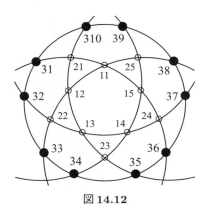

図 **14.12**

(4) 番号 4∗〜5∗

図 14.13 のように，外側から 2 番目の 5 か所の交差に「41」から「45」，最後に一番外側の 5 か所の交差に「51」から「55」の番号をつけます．

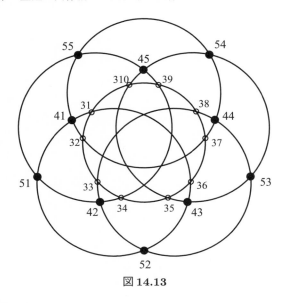

図 **14.13**

(5) 帯上の番号の並び

　ここで，図 14.14 のように 1 本の帯が作るリング上の交差に付けられた
番号に注目します．

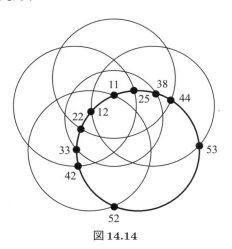

図 **14.14**

この帯の最後に編まれる交差「52」と「53」の間でリングを切断すると，

番号の並びは次のようになります.

$$52 - 42 - 33 - 22 - 12 - 11 - 25 - 38 - 44 - 53$$

この番号の並びの左と右の端に，それぞれ「のりしろ」として右と左の番号「53」と「52」を付け足した図14.15が，図10.5の菱形三十面体編みの部品の一つに対応しています．

| 53C | 52D | 42A | 33B | 22A | 12B | 11A | 25B | 38A | 44B | 53A | 52B |

図 14.15

他の帯の番号も同様にして付けられたものです．なお，交差時の帯の上下を表すアルファベットは基本的に「A」と「B」が交互に現れ，のりしろの部分は例外でモデルによって異なります．ちなみに「A」と「B」が入れ替わると鏡像のモデルができます．

3・4・12本の帯で編むモデルの番号付け

　次のような，3本や4本や12本のリングの交差の図に同じように番号をつけていくと，3本，4本，12本の帯で編む多面体の部品の番号付けも可能です．

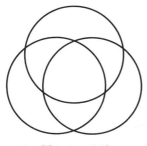

三つ編みリングボール

四つ編みリングボール

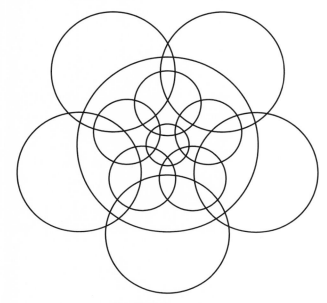

十二編みリングボール

第 15 章

星型二十面体編み

　今回は，第14章と同様のギザギザ帯を編む方法で，第6章で図入りで紹介した8種類の星型二十面体のうち，「小三角六辺形二十面体」，「凹五角錐十二面体」，「五複合正八面体」，「第七種星型二十面体」の4種類を実際に製作してみましょう．

15.1　星型二十面体の面の形

■編める星型二十面体

　第14章で製作した3種類の星型十二面体は，全て60枚の合同な三角形の面で構成されています．6本のギザギザ帯部品を編んでこれらを作る場合，各面では2本の帯が重っているので，1本の帯を構成する三角形の数はのりしろの部分を除いて「$60 \times 2 \div 6 = 20$」です．これらのモデルの構造は，同じ6本の帯で編まれた菱形三十面体と等しく，「20」とは菱形三十面体を編む1本の帯を構成する（のりしろを除いた）菱形の個数の2倍，すなわち菱形を2枚の三角形と見なした場合の三角形の個数と一致します．裏を返せば，菱形三十面体と同様の方法で編める多面体は「三角形の面の個数が60」の場

合に限られることを意味しています．同じように，仮に第11章の菱形六十面体モデルと同様の方法で12本の帯で編める多面体があるならば，それは「三角形の面の個数が120」でなければなりません．このことから，第6章で図入りで紹介した8種類の星型二十面体のうち，180枚の三角形で構成される「大二十面体」と「完全星型二十面体」は，少なくとも本書でこれまでに紹介してきた方法では編むことはできません．また，面が独立した三角形ではない「五複合正四面体」と「大三角二十面体」も今回作る候補から除外します．

■星型二十面体の面の形

　第6章で考察したように，一見複雑そうな星型二十面体も，実は図6.29で表される「正二十面体の1枚の面を延長した平面とその他の面を延長した平面との交線」である18本の直線で囲まれた多角形の面で構成された多面体に過ぎません．一方，菱形三十面体や菱形六十面体モデルと同じ方法で編める星型二十面体のギザギザ帯の部品は，多面体の面を $20+2$（のりしろ）個連ねたものなので，その面の正確な形がわかれば部品を設計することができます．そこで，最初にこれらの面の形を求めるにあたって基本となる，正二十面体の頂点の座標について確認しておきましょう．

正二十面体の頂点の座標

次の12点を頂点にもつ凸多面体は一辺の長さが2の正二十面体である．

$$(0, -1, -\phi), \quad (0, -1, \phi), \quad (0, 1, -\phi), \quad (0, 1, \phi)$$

$$(-1, -\phi, 0), \quad (-1, \phi, 0), \quad (1, -\phi, 0), \quad (1, \phi, 0)$$

$$(-\phi, 0, -1), \quad (-\phi, 0, 1), \quad (\phi, 0, -1), \quad (\phi, 0, 1)$$

ここで，ϕ は (9.1) で定義された黄金数である．

　このように正二十面体の頂点の座標を具体的に表すことができれば，図6.29中の最大の正三角形 ABC に関して次が成り立つことがわかります．

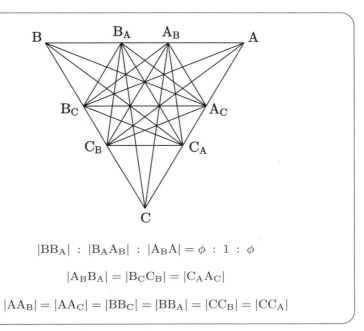

$$|BB_A| \,:\, |B_A A_B| \,:\, |A_B A| = \phi \,:\, 1 \,:\, \phi$$

$$|A_B B_A| = |B_C C_B| = |C_A A_C|$$

$$|AA_B| = |AA_C| = |BB_C| = |BB_A| = |CC_B| = |CC_A|$$

　この事実から，例えばベクトルを利用すると，図形の内部の線分を結んでできる多角形の辺の長さの比を全て求めることができます．これらの計算は決して難しくはないのですが，かなり面倒な計算が必要な場合もあるので，本書では必要な結果のみを紹介します．

15.2　小三角六辺形二十面体編み

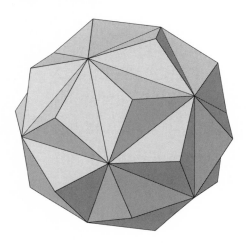

小三角六辺形二十面体

第6章で考察したように「小三角六辺形二十面体」は図15.1ような，合同な3枚の二等辺三角形の「面」20枚，すなわち60枚の三角形の面で構成される多面体です.

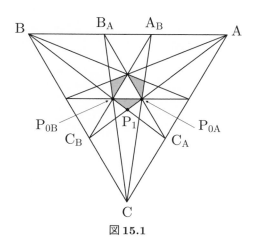

図 15.1

このとき，二等辺三角形 $P_1P_{0A}P_{0B}$ の辺の長さの比は，図 15.2 のように，

第6章で組み立てた小三角六辺形二十面体の部品の設計の際に式 (6.1) で与えた値 p を用いて表されます.

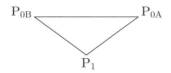

$$|P_{0A}P_{0B}| : |P_1P_{0A}| : |P_1P_{0B}| = 1 : p : p \approx 1 : 0.63 : 0.63$$

図 **15.2**

この二等辺三角形を 22 個連ねた図 15.3 の部品 6 本を菱形三十面体と同様に編んでいくと，小三角六辺形二十面体が完成します.

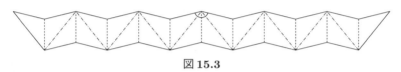

図 **15.3**

15.3　凹五角錐十二面体編み

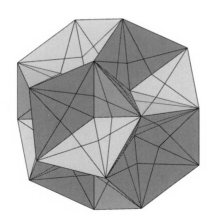

凹五角錐十二面体

凹五角錐十二面体は，図15.4のような，合同な3枚の正三角形の「面」20
枚，すなわち小三角六辺二十面体と同じく60枚の三角形の面で構成される
多面体です．

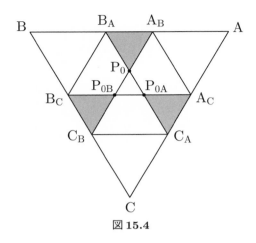

図 15.4

　正三角形の面が60枚なので，小三角六辺形二十面体と同様に，2枚ののり
しろを合わせて22枚の三角形がつながった図15.5のようなギザギザ帯6本
で編むことができます．

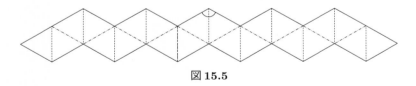

図 15.5

15.4 五複合正八面体編み

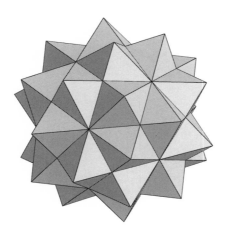

五複合正八面体

五複合正八面体は，図 15.6 左図のような合同な 6 枚の三角形の「面」20 枚，すなわち 120 枚の三角形の面で構成される多面体です．

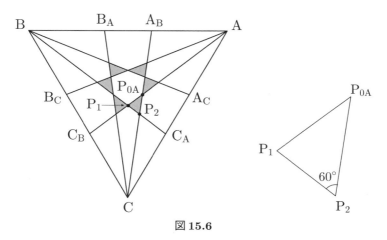

図 15.6

ここで，三角形 $P_{0A}P_1P_2$ は，15.6 右図のように $\angle P_1P_2P_{0A} = 60°$ で各辺の長さの比は次のようになります．

$$|P_1P_2| \,:\, |P_1P_{0A}| \,:\, |P_2P_{0A}| \,=\phi+1 \,:\, 2\phi \,:\, \phi+2$$

$$\approx 1 : 1.24 : 1.38$$

$P_{0A}P_1P_2$ とその鏡像は二等辺三角形ではないので，これらを 22 個連ねた部品は，図 15.7 のような丸まった形になります．

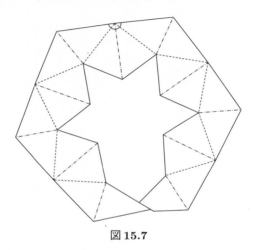

図 15.7

ただし，のりしろの一つは 1 周した反対側ののりしろと重なってしまうので，1 枚の紙の上では完全な三角形の形を確保することはできません．この部品 12 本を菱形六十面体と同様に編んでいくと，五複合正八面体が完成します．

このモデルの組み立ては，本書で紹介した数々の工作の中でも最も難度が高いため，他の工作で十分に修行を積んだ後に挑戦することをお勧めします．

15.5　第七種星型十二面体編み

第七種星型十二面体

第七種星型十二面体は，図15.8左図のような合同な6枚の三角形の「面」20枚，すなわち120枚の三角形の面で構成される多面体です．

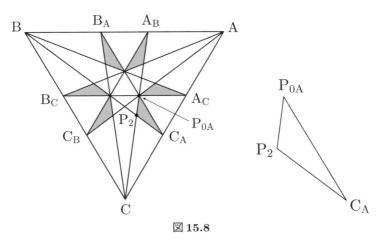

図**15.8**

ここで，三角形 $P_{0A}P_2C_A$ の辺の長さの比は次のようになります．

$$|P_{0A}P_2| : |P_2C_A| : |C_AP_{0A}| = 1 : \phi : \sqrt{2}\phi \approx 1 : 1.62 : 2.29$$

五複合正八面体と同様に，面を構成する三角形 $P_0 A P_2 C_A$ とその鏡像を 22 個連ねた図 15.9 のようなギザギザ帯 12 本を編むことによって，第七種星型十二面体が完成します．

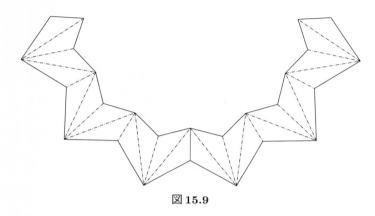

図 15.9

第16章

円錐で作る多面体くす玉1

くす玉（薬玉・久寿玉）という言葉で思い浮かべるのは，道路の開通式などで紐を引っ張ると二つに割れて紙吹雪や垂れ幕が出てくる球体や，公民館などでみかける折り紙で作った「花」の部品を集めて球形にした図16.1のような飾りではないでしょうか．

図 16.1

今回は，後者のくす玉の「花」の部品を扇形の展開図から作られる「円錐」に変えたモデルを，より「数学的」な方法で製作してみましょう．

16.1　円錐多面体くす玉

上で紹介した写真のくす玉は36個の花の部品からできていますが，これ

まで積んできた数々の「数学工作」の経験から，ごく自然に「36」という数の根拠に興味が湧いてこないでしょうか？　しかし，実際にはこのモデルに関しては「36」という数にほとんど数学的意味はありません．例えば，花の部品を加えてより丸い形にすることも，数を減らしてすき間の大きさを均等に近づけることもできます．それでは，くす玉が最も丸くバランスのとれた「数学的に美しい」形になる部品の数はどうあるべきなのでしょうか？

　丸い形を有限個の部品でバランスよく表現するための最適な方法の一つは「正多面体」の構造に帰着させることです．以下では，くす玉を構成する部品を単純化して円錐とし，正多面体の面の数と等しい「4」，「6」，「8」，「12」，「20」の円錐部品で組み立てられる**円錐正多面体くす玉**の設計と製作をしていきましょう．

16.2　円錐正四面体くす玉

　四つの円錐で作られた図16.2のような立体を，**円錐正四面体くす玉**と呼ぶことにします．

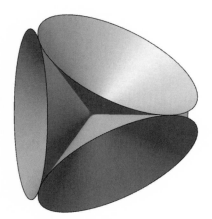

図16.2　円錐正四面体くす玉

　ただし，これらの円錐は次を満たしているとします．

- 円錐の底面は，正多角形の各面の**内接円**である（図16.3左・中図）.

- 円錐の頂点は正四面体の重心，すなわち**内接球**の中心にある（図16.3右図）．

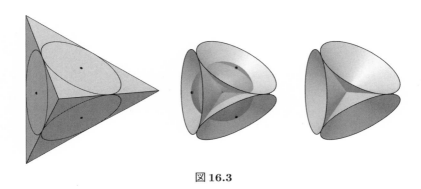

図16.3

円錐部品は扇形の展開図から作成しますが，この扇形の中心角は円錐の高さと底面の円の半径から次のように求められます．

┌─ 円錐の展開図 ─────────────────────

底面の半径が ρ，高さが h の円錐の展開図となる扇形の中心角 θ は次で与えられる．

$$\theta = \frac{360}{\sqrt{1 + \left(\dfrac{h}{\rho}\right)^2}} \tag{16.1}$$

└──────────────────────────

ここで，ρ は第2章の表2.4で与えられている正四面体の面である「正三角形の内接円の半径」です．また，h は「正四面体の内接球の半径」で次のように与えられます．

正多面体の内接球の半径

　一辺の長さが1の正多面体の内接球の半径 h は表16.1のようになる.

表 16.1

正四面体	正六面体	正八面体	正十二面体	正二十面体
$\dfrac{\sqrt{6}}{12}$	$\dfrac{1}{2}$	$\dfrac{\sqrt{6}}{6}$	$\dfrac{\sqrt{250+110\sqrt{5}}}{20}$	$\dfrac{3\sqrt{3}+\sqrt{15}}{12}$

　以上より，一辺の長さが1の正四面体に対して，円錐正四面体くす玉を構成する円錐部品の底面の半径 ρ と高さ h は式 (16.2) で与えられます.

$$\rho = \frac{\sqrt{3}}{6}, \quad h = \frac{\sqrt{6}}{12} \tag{16.2}$$

これらの値を式 (16.1) に代入すると，円錐の展開図の扇形の中心角 θ は式 (16.3) のように求められます.

$$\theta = 120\sqrt{6} \approx 293.9 \tag{16.3}$$

したがって，図16.4のような中心角が約 293.9° の扇形から作られる円錐が，円錐正四面体くす玉の部品になります.

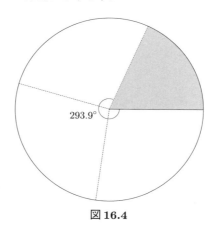

293.9°

図 16.4

　ここで，灰色の部分はのりしろ，破線は円弧を3等分する線分です.

■円錐正多面体くす玉の製作

　円錐正多面体くす玉の組み立ては，展開図の扇形を丸めて作った円錐をつなぎ合わせるだけなので特に難しいところはありませんが，完成度を高めるために製作時の注意点を挙げておきます．

円錐正多面体くす玉製作時の注意

- コピー用紙程度の薄い紙を使用し，自然に円錐形になるように展開図にはあらかじめ丸みをつけておきましょう．
- 円錐部品同士は，設計図の扇形を3等分する破線（ただし正六面体の場合は4等分，正十二面体の場合は5等分の破線）で接します．この部分の接着には，のりよりも細い両面テープを使用するとよいでしょう．
- 部品の数が増えると，設計図通りに作ったつもりでも円錐を正しい位置に配置するのが難しくなるため，ヘアピンなどで仮組をしたり上下別々に作って最後に合体させたりするときれいに仕上がります．また，円錐の頂点を正確に尖らせるのは難しいので，頂点部分をあらかじめ少しだけ切り落とすのもよいでしょう．
- 色紙を使用する場合は，着色面が円錐の内側になります．

16.3　円錐正六面体くす玉

　六つの円錐で作られた図16.5のような立体を，**円錐正六面体くす玉**と呼ぶことにします．

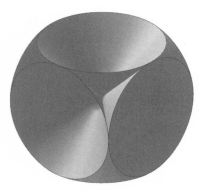

図 16.5 円錐正六面体くす玉

円錐正四面体と同様，円錐正六面体くす玉は図 16.6 のように，正六面体の重心を頂点，面である正方形の内接円を底面にもつ六つの円錐で構成された立体です．

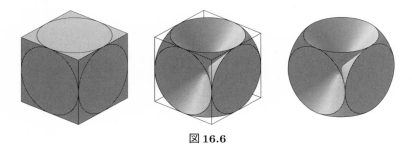

図 16.6

図 16.6 左図の正六面体の一辺の長さを 1 とすると，円錐部品の底面の半径 ρ，高さ h，その展開図となる扇形の中心角 θ はそれぞれ式 (16.4) のようになることがわかります．

$$\rho = h = \frac{1}{2}, \quad \theta = 180\sqrt{2} \approx 254.6 \tag{16.4}$$

したがって，図 16.7 のような中心角が約 254.6° の扇形から作られる円錐が，円錐正六面体くす玉の部品になります．

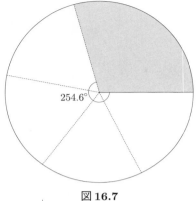

図 16.7

　円錐正六面体くす玉の各部品は他の 4 個の円錐と接するので，展開図には
それを示す扇形を 4 等分する破線が描かれています．

16.4　円錐正八面体くす玉

　八つの円錐で作られた図 16.8 のような立体を，**円錐正八面体くす玉**と呼ぶ
ことにします．

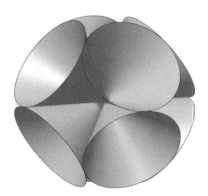

図 16.8　円錐正八面体くす玉

　円錐正八面体くす玉は図 16.9 のように，正八面体の重心を頂点，面である
正三角形の内接円を底面にもつ，八つの円錐で構成された立体です．

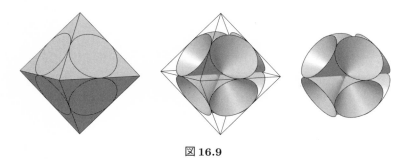

図 16.9

　図 16.9 左図の正八面体の一辺の長さを 1 とすると，円錐部品の底面の半径 ρ，高さ h，その展開図となる扇形の中心角 θ はそれぞれ式 (16.5) のようになることがわかります．

$$\rho = \frac{\sqrt{3}}{6}, \quad h = \frac{\sqrt{6}}{6}, \quad \theta = 120\sqrt{3} \approx 207.8 \tag{16.5}$$

したがって，図 16.10 のような中心角が約 207.8° の扇形から作られる円錐が，円錐正八面体くす玉の部品になります．

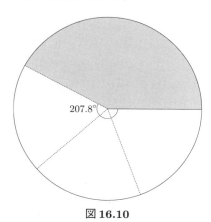

図 16.10

　正八面体の面は正四面体と同じ正三角形なので，展開図には扇形を 3 等分する破線が描かれています．

16.5 円錐正十二面体くす玉

12個の円錐で作られた 16.11 のような立体を，**円錐正十二面体くす玉**と呼ぶことにします．

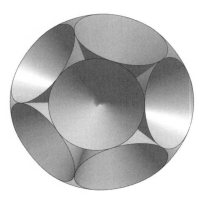

図 16.11 円錐正十二面体くす玉

円錐正十二面体くす玉は，図 16.12 のように，正十二面体の重心を頂点，面である正五角形の内接円を底面にもつ 12 個の円錐で構成された立体です．

図 16.12

図 16.12 左図の正十二面体の一辺の長さを 1 とすると，円錐部品の底面の半径 ρ，高さ h，その展開図となる扇形の中心角 θ はそれぞれ式 (16.6) と式 (16.7) で与えられることがわかります．

$$\rho = \frac{\sqrt{25 + 10\sqrt{5}}}{10}, \quad h = \frac{\sqrt{250 + 110\sqrt{5}}}{20} \tag{16.6}$$

$$\theta = 36\sqrt{50 - 10\sqrt{5}} \approx 189.3 \tag{16.7}$$

したがって，図 16.13 のような中心角が約 189.3° の扇形から作られる円錐
が，円錐正十二面体くす玉の部品になります．

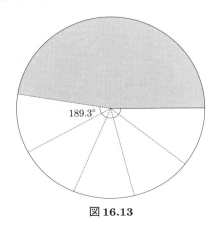

図 16.13

　各部品は他の五つの円錐と接するので，展開図には扇形を 5 等分する破線
が描かれています．

16.6　円錐正二十面体くす玉

　20 個の円錐で作られた図 16.14 のような立体を，**円錐正二十面体くす玉**と
呼ぶことにします．

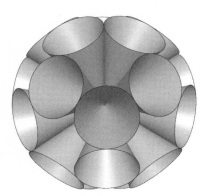

図 16.14　円錐正二十面体くす玉

円錐正二十面体くす玉は，図 16.15 のように，正二十面体の重心を頂点，面である正三角形の内接円を底面にもつ 20 個の円錐で構成された立体です．

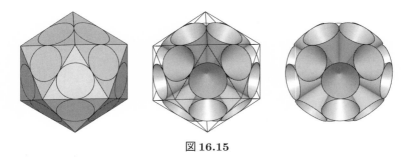

図 16.15

図 16.15 左図の正二十面体の一辺の長さを 1 とすると，円錐部品の底面の半径 ρ，高さ h，その展開図となる扇形の中心角 θ はそれぞれ式 (16.8) と式 (16.8) で与えられることがわかります．

$$\rho = \frac{\sqrt{3}}{6}, \quad h = \frac{3\sqrt{3} + \sqrt{15}}{12} \tag{16.8}$$

$$\theta = 60\sqrt{18 - 6\sqrt{5}} \approx 128.5 \tag{16.9}$$

したがって，図 16.16 のような中心角が約 128.5° の扇形から作られる円錐が円錐正二十面体くす玉の部品になります．

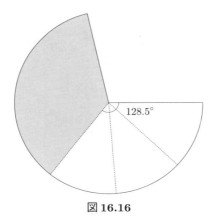

128.5°

図 16.16

　ここで，各部品は他の三つの円錐と接するので，展開図には扇形を 3 等分する破線が書き込まれています．

　図 16.17 は，一辺の長さが等しい 5 種類の正多面体の円錐くす玉の円錐部品を並べたもので，面の数が多くなるほど円錐の先が尖っているのがわかります．

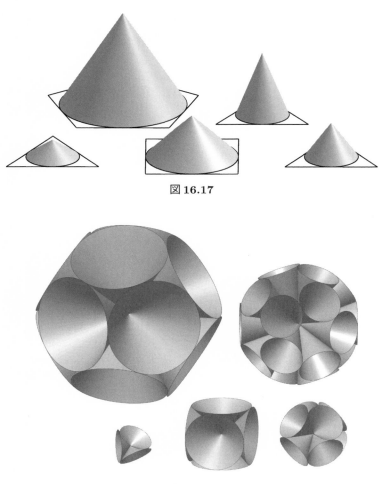

図 16.17

図 16.18

　図16.18はこれらの円錐を組み立てたもので，面の数が多く部品の円錐が尖った形であるほど完成した立体はより丸い形になります．ただし，正十二面体に比べて円錐正二十面体くす玉は部品同士のすき間が大きいため，眺める角度によっては円錐正十二面体くす玉の方がより丸く見えるようです．また，第3章の表3.5（正多面体の丸さランキング）からもこの印象は妥当なものかもしれません．

第17章

円錐で作る多面体くす玉2

　第16章では，正多面体の各面に円錐を対応させた円錐正多面体くす玉を作りましたが，これらよりさらに「丸い」円錐多面体くす玉を作ることはできないでしょうか？ 実際，全て同じ円錐で構成できるこのようなくす玉は，5種類の正多面体に対応する「円錐正多面体くす玉」に限られます．しかし，複数の形の円錐を組み合わせることも許せば，これまでに登場した正多面体よりも「丸い」半正多面体の円錐くす玉を作ることができます．

二十・十二面体　　　　　切頂二十面体　　　　斜方二十・十二面体

　これから製作する**円錐半正多面体くす玉**は，本書で紹介する工作の中でも最も製作に手間がかかる，まさに最後の章にふさわしいモデルです．

17.1　円錐二十・十二面体くす玉

　2種類の円錐部品でできた図17.1のような立体，**円錐二十・十二面体くす玉**を製作してみましょう．

図 17.1 円錐二十・十二面体くす玉

円錐二十・十二面体くす玉は，図 17.2 のように，二十・十二面体の正三角形と正五角形の各面に内接する円を底面とする 2 種類の円錐からできています．

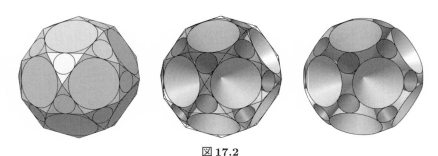

図 17.2

ここで，第 16 章で製作した円錐正多面体くす玉では，図 16.3 のように円錐部品の頂点を正多面体の内接球の中心としました．しかし，二十・十二面体には内接球が存在しないため[1]，外接球の中心を円錐の頂点としています．詳細は後述しますが，このモデルの部品となる二十・十二面体の「正三角形面」と「正五角形面」に対応する二つの円錐部品は，図 17.3 のような半

---

[1] 内接球が存在する半正多面体もありますが，今回扱う 3 種類の半正多面体には内接球が存在しません．ただし，同じ形の面全てに接するような球は存在します．

径が等しく中心角が約 67.5° と 161.0° の二つの扇形の展開図から作られることがわかります.

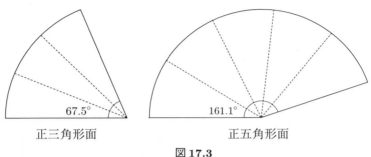

正三角形面   正五角形面

図17.3

2種類の円錐は頂点と底面で接しているため,母線の長さ,すなわち展開図の扇形の半径は等しくなります.また,破線は扇形をそれぞれ3等分,5等分するもので,組み立てるときに隣の円錐と接する部分になります.この図ではのりしろが省略されていますが,実際に製作するときには前章の円錐正多面体くす玉の部品のように適当なのりしろを付け加える必要があります.

組み立て方は基本的には円錐正多面体くす玉と同様ですが,さらに次の点に注意して作っていきましょう.

円錐半正多面体くす玉製作時の注意

- 各円錐部品は対応する半正多面体の面の数(表17.1)だけ必要です.

表17.1　3つの半正多面体の面の形と数

	正三角形	正方形	正五角形	正六角形
二十・十二面体	20	0	12	0
切頂二十面体	0	0	12	20
斜方二十・十二面体	20	30	12	0

- 中心角が小さい扇形の展開図から設計通りの円錐を作るのは困難な

ので，局所的な正確さにはあまりこだわらず，組み立てたときに全
体としてバランスがとれた形になるように接着する前の仮組段階で
調整しておきましょう．

- 円錐の種類によって色分けすると，多面体としての構造が明確にな
  り見栄えも良くなります．

　ここで，展開図で与えた扇形の中心角の計算方法について確認しておきま
しょう．

　一辺の長さが1の二十・十二面体の外接球の半径をr，1種類の面の内接円
の半径をρ，その種類の面全てに接する球の半径をhとするとき，次の関係
が成り立ちます．

$$r^2 = \rho^2 + h^2 + \left(\frac{1}{2}\right)^2$$

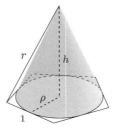

よって，第16章の考察から図の円錐の展開図の中心角θは正多角形の種類
によらず式 (17.1) で与えられます．

$$\theta = \frac{360\rho}{\sqrt{\rho^2 + h^2}} = \frac{360\rho}{\sqrt{r^2 - \dfrac{1}{4}}} \tag{17.1}$$

ここで，一辺の長さが1の二十・十二面体の外接球の半径rが式 (17.2) で与
えられることを認めると，式 (17.1) よりθの値は式 (17.3) で与えられること
がわかります．

$$r = \frac{\sqrt{5}+1}{2} \tag{17.2}$$

$$\theta = 144\sqrt{20 - 10\sqrt{5}}\,\rho \tag{17.3}$$

したがって，第2章の表2.4の値より，正三角形面と正五角形面に対応する
ρ と θ の値は表17.2のようになります．

表17.2

	ρ	θ
正三角形面	$\dfrac{\sqrt{3}}{6}$	$24\sqrt{75-30\sqrt{5}} \approx 67.5$
正五角形面	$\dfrac{\sqrt{25+10\sqrt{5}}}{10}$	$72\sqrt{5} \approx 161.1$

17.2　円錐切頂二十面体くす玉

　円錐切頂二十面体くす玉（図17.4）は，図17.5のように，切頂二十面体の
12枚の正五角形面と20枚の正六角形面の内接円をそれぞれ底面，外接球の
中心を頂点とする円錐で構成されています．

図17.4　円錐切頂二十面体くす玉

図 **17.5**

　円錐二十・十二面体くす玉と同様に，このモデルも「20 + 12 = 32」個の円錐部品を使って組み立てますが，円錐同士が接する箇所，すなわち多面体の辺の数が「60」から「90」に増えるので，製作の手間だけでなく精度の面でも難度が上がります．

　一辺の長さが 1 の切頂二十面体の外接球の半径 r が，式 (17.4) で与えられることを認めることにします．

$$r = \frac{\sqrt{58 + 18\sqrt{5}}}{4} \tag{17.4}$$

このとき，各面の内接円の半径 ρ に対して対応する円錐の展開図の中心角 θ の値は，二十・十二面体の場合と同様に式 (17.1) を用いると式 (17.5) で与えらえることがわかります．

$$\theta = 120\sqrt{6 - 2\sqrt{5}}\,\rho \tag{17.5}$$

したがって，第 2 章の表 2.4 より，円錐部品の展開図となる扇形の中心角を計算すると表 17.3 に，また部品の展開図は図 17.6 のようなります．

表 **17.3**

	ρ	θ
正五角形面	$\dfrac{\sqrt{25 + 10\sqrt{5}}}{10}$	$12\sqrt{50 + 10\sqrt{5}} \approx 102.1$
正六角形面	$\dfrac{\sqrt{3}}{2}$	$60\sqrt{18 - 6\sqrt{5}} \approx 128.5$

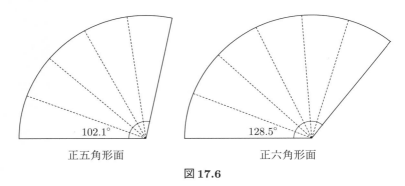

正五角形面   正六角形面

図 17.6

17.3 斜方二十・十二面体くす玉

円錐斜方二十・十二面体くす玉（図17.7）は，図17.8のように，斜方二十・十二面体の20枚の正三角形，30枚の正方形，12枚の正五角形面の内接円をそれぞれ底面，外接球の中心を頂点とする円錐で構成されています．

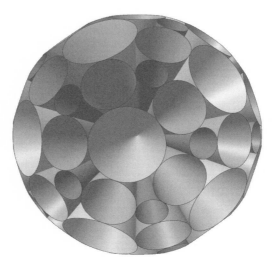

図 17.7 斜方二十・十二面体くす玉

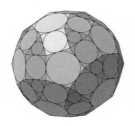
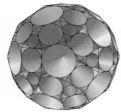

図 **17.8**

このモデルは，3種類，合計「$20 + 30 + 12 = 62$」個もの膨大な円錐部品の数からもわかる通り，製作・組み立てとも極めて手間がかかりますが，その苦労が報われるほど完成品は造形的にも数学的にも美しい形をしています．

一辺の長さが1の斜方二十・十二面体の外接球の半径 r が式 (17.6) であることを認めると，各面の内接円の半径 ρ に対して対応する円錐の展開図の中心角 θ の値は，式 (17.7) のようになることがわかります．

$$r = \frac{\sqrt{11 + 4\sqrt{5}}}{2} \tag{17.6}$$

$$\theta = 72\sqrt{50 - 20\sqrt{5}}\,\rho \tag{17.7}$$

したがって，第2章の表2.4より，円錐部品の展開図となる扇形の中心角を計算すると表17.4に，また部品の展開図は図17.9のようなります．

表 **17.4**

	ρ	θ
正三角形面	$\dfrac{\sqrt{3}}{6}$	$12\sqrt{150 - 60\sqrt{5}} \approx 47.8$
正方形面	$\dfrac{1}{2}$	$36\sqrt{50 - 20\sqrt{5}} \approx 82.7$
正五角形面	$\dfrac{\sqrt{25 + 10\sqrt{5}}}{10}$	$36\sqrt{10} \approx 113.8$

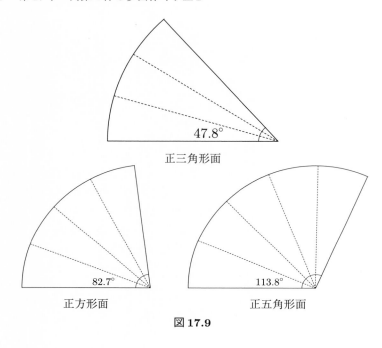

正三角形面

正方形面

正五角形面

図 **17.9**

設計図

設計図のPDFファイルは以下のHPアドレスからもダウンロードできます.

https://www.kyoritsu-pub.co.jp/bookdetail/9784320114319

第1章「正四面体・正六面体・正八面体の展開図」

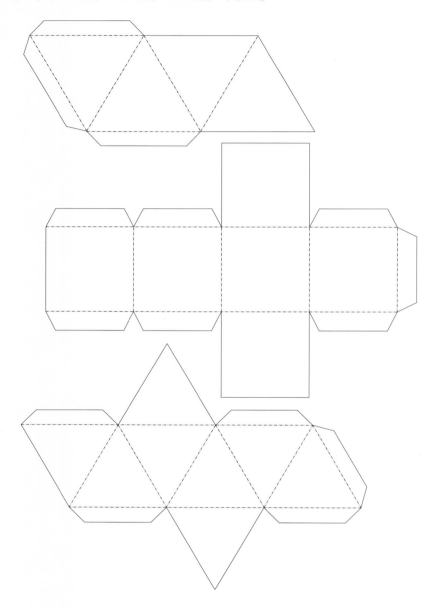

第1章「正十二面体・正二十面体の展開図」

第1章「のりを使わない正四面体・正六面体・正八面体の展開図」

第1章「のりを使わない正十二面体・正二十面体の展開図」

33C	32D	26A	12B	11A	22C	33A	32B
31C	33D	24A	13B	12A	23B	31A	33B
32C	31D	25A	11B	13A	21B	32A	31B
22B	25C	23A	26B	21A	24B	22A	25B

	25A	24A		12B	11A		21D	21D	
31C	35A		24B	23C		22B	22C		31D	35B
	21A	25A		13B	12A		22D	22D	
32C	31A		25B	24C		23B	23C		32D	31B
	22A	21A		14B	13A		23D	23D	
33C	32A		21B	25C		24B	24C		33D	32B
	23A	22A		15B	14A		24D	24D	
34C	33A		22B	21C		25B	25C		34D	33B
	24A	23A		11B	15A		25D	25D	
35C	34A		23B	22C		21B	21C		35D	34B

第 2 章「耳つき正四面体・正六面体の部品」

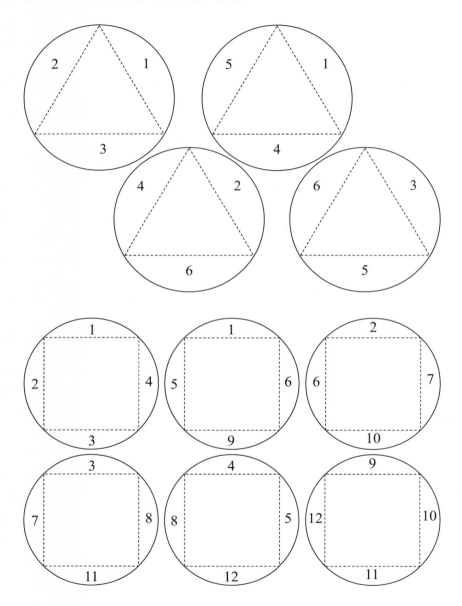

第2章「耳つき正八面体・正十二面体の部品」

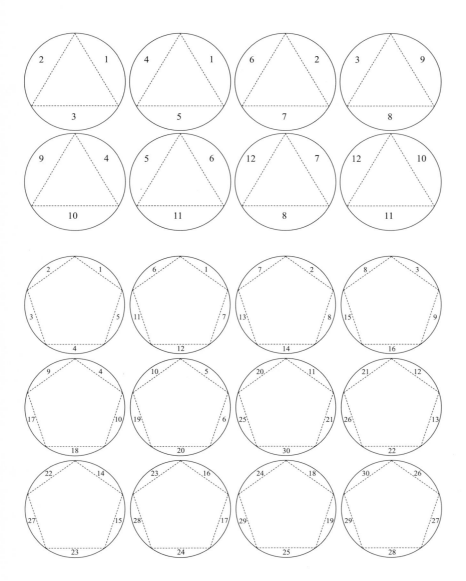

第 2 章「耳つき正二十面体の部品」

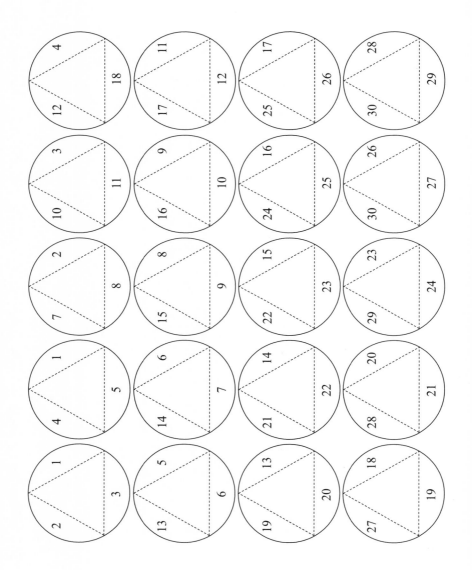

第3章「球に内接する耳つき正四面体・正六面体の部品」

234

第 3 章「球に内接する耳つき正八面体・正十二面体の部品」

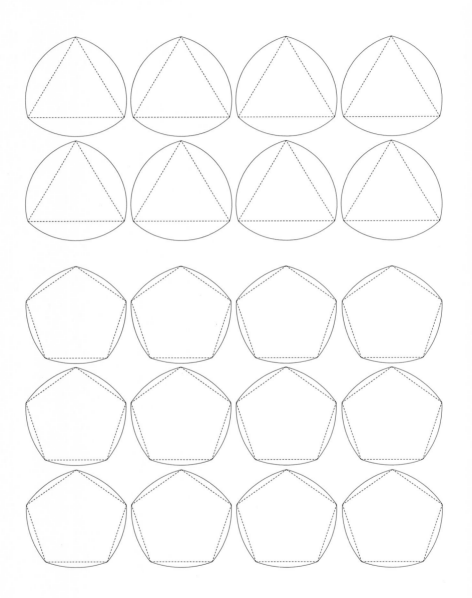

第3章「球に内接する耳つき正二十面体の部品」

第4章「正四面体・正六面体・正八面体の展開図（塗り分け用）」

第4章「正十二面体・正二十面体の展開図（塗り分け用)」

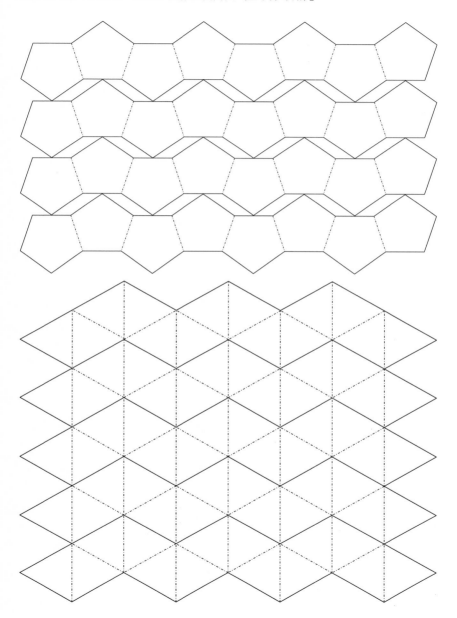

第 5 章「円盤正多面体 正三角形・正方形部品」

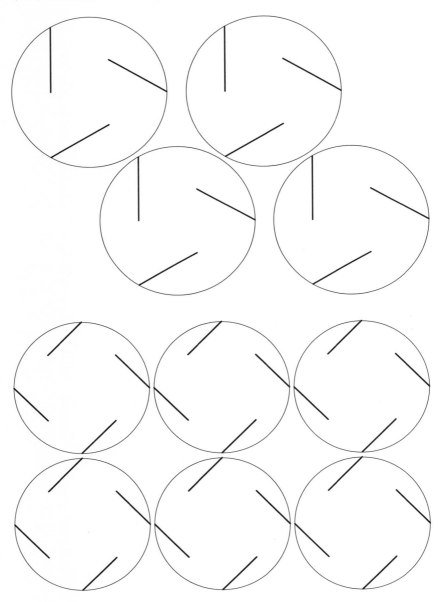

第5章「円盤正多面体 正五角形・正三角形部品」
※五角形部品の円の半径は正三角形部品の円の半径の約 1.47 倍です.

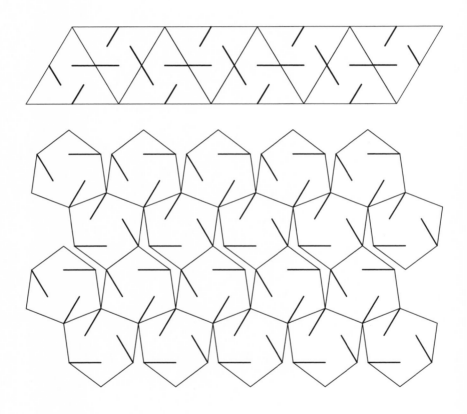

第6章「小星型十二面体部品」

第7章「正四面体・正八面体編み部品」

第 7 章「正六面体編み部品」

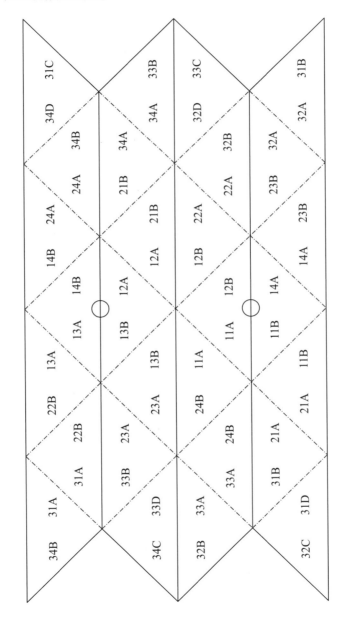

第7章「正十二面体編み部品」

52C 53C 54C 55C 51C 310B

53A 53A 54A 54A 55A 55A 51A 51A 52A 52A 31A 31A

44B 44B 45B 45B 41B 41B 42B 42B 43B 43B 32B 32B

38A 38A 310A 310A 32A 32A 34A 34A 36A 36A 33A 33A

25B 25B 21B 21B 22B 22B 23B 23B 24B 24B 34B 34B

11A 11A 12A 12A 13A 13A 14A 14A 15A 15A 35A 35A

12B 12B 13B 13B 14B 14B 15B 15B 11B 11B 36B 36B

22A 22A 23A 23A 24A 24A 25A 25A 21A 21A 37A 37A

33B 33B 35B 35B 37B 37B 39B 39B 31B 31C 38B 38B

42A 42A 43A 43A 44A 44A 45A 45A 41A 41A 39A 39A

52B 52D 53B 53D 54B 54D 55B 55D 51B 51D 310B 310C

53B 54B 55B 51B 52B 31B

第7章「正二十面体編み部品」

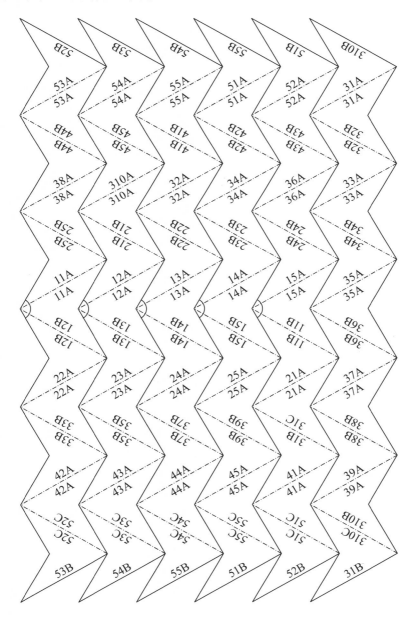

第9章「菱形六面体・白銀菱形十二面体編み部品」

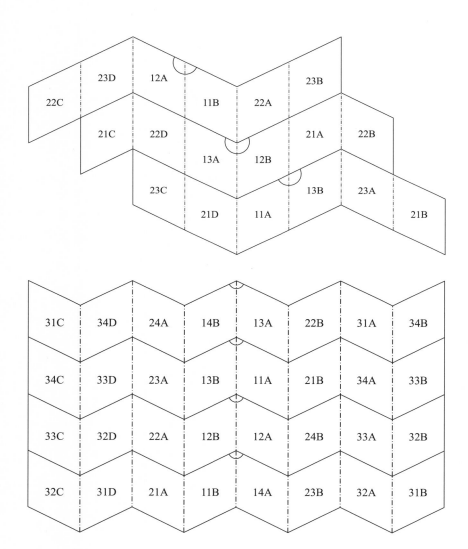

第9章「黄金菱形十二面体編み部品」

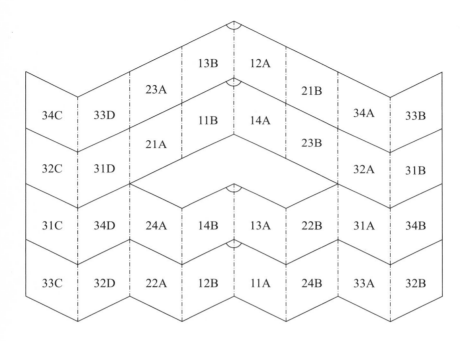

第 10 章「菱形三十面体編み部品」

52B	53B	54B	55B	51B	310B
53A	54A	55A	51A	52A	31A
44B	45B	41B	42B	43B	32B
38A	310A	32A	34A	36A	33A
25B	21B	22B	23B	24B	34B
11A	12A	13A	14A	15A	35A
12B	13B	14B	15B	11B	36B
22A	23A	24A	25A	21A	37A
33B	35B	37B	39B	31C	38B
42A	43A	44A	45A	41A	39A
52D	53D	54D	55D	51D	310C
53C	54C	55C	51C	52C	31B

第 10 章「菱形二十面体編み部品」

42C	43C	44C	45C	41C
43D	44D	45D	41D	42D
34A	35A	31A	32A	33A
25B	21B	22B	23B	24B
11A	12A	13A	14A	15A
12B	13B	14B	15B	11B
22A	23A	24A	25A	21A
32B	33B	34B	35B	31B
42A	43A	44A	45A	41A
43B	44B	45B	41B	42B

第 11 章「菱形六十面体編み部品 1 」

329B	38B	314B	320B	326B	210B
330A	39A	315A	321A	327A	29A
323B	32B	35B	311B	317B	28B
324A	33A	36A	312A	318A	27A
29C	21B	23B	25B	27B	26B
11A	12A	13A	14A	15A	25A
12B	13B	14B	15B	11B	24B
22A	24A	26A	28A	210A	23A
31B	34B	310B	316B	322B	22B
32A	35A	311A	317A	323A	21A
329C	38C	314C	320C	326C	210C
330B	39B	315B	321B	327B	29B

第11章「菱形六十面体編み部品2」

51B	52B	53B	54B	55B	48B
42A	44A	46A	48A	410A	49A
315C	321C	327C	330C	39C	410C
313A	319A	325A	328A	37A	41A
312B	318B	324B	33B	36B	42C
310A	316A	322A	31A	34A	43A
319B	325B	328B	37B	313B	44C
320A	326A	329A	38A	314A	45A
45B	47B	49C	41B	43B	46C
52A	53A	54A	55A	51A	47A
51C	52C	53C	54C	55C	48D
42B	44B	46B	48C	410B	49B

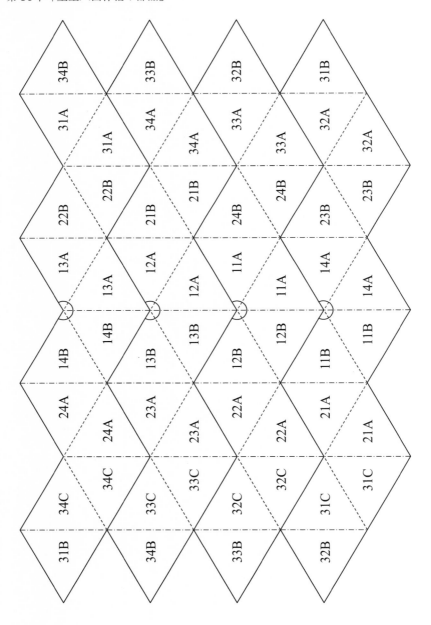

第 14 章「小星型十二面体編み部品」

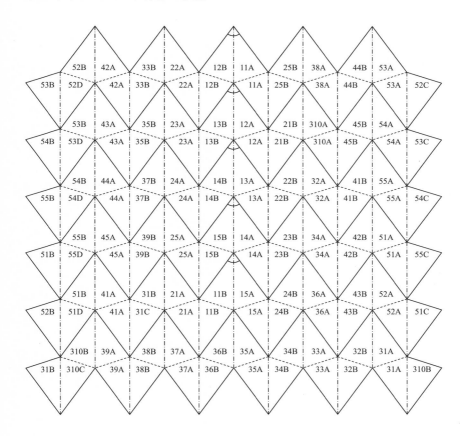

254

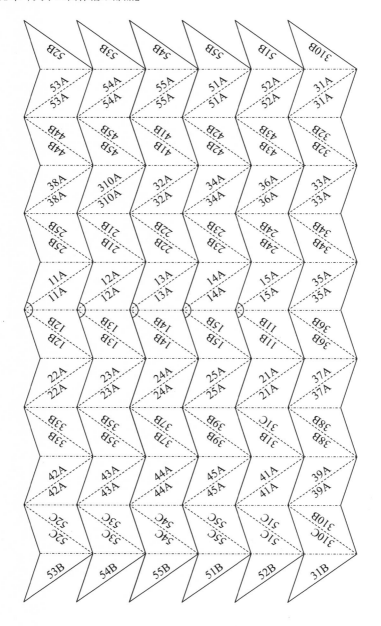

第 14 章「大星型十二面体編み部品」

	52C	42A	33B	22A	12B	11A	25B	38A	44B	53A	
53B	52C	42A	33B	22A	12B	11A	25B	38A	44B	53A	52B
	53C	43A	35B	23A	13B	12A	21B	310A	45B	54A	
54B	53C	43A	35B	23A	13B	12A	21B	310A	45B	54A	53B
	54C	44A	37B	24A	14B	13A	22B	32A	41B	55A	
55B	54C	44A	37B	24A	14B	13A	22B	32A	41B	55A	54B
	55C	45A	39B	25A	15B	14A	23B	34A	42B	51A	
51B	55C	45A	39B	25A	15B	14A	23B	34A	42B	51A	55B
	51C	41A	31C	21A	11B	15A	24B	36A	43B	52A	
52B	51C	41A	31C	21A	11B	15A	24B	36A	43B	52A	51B
	310B	39A	38B	37A	36B	35A	34B	33A	32B	31A	
31B	310C	39A	38B	37A	36B	35A	34B	33A	32B	31A	310B

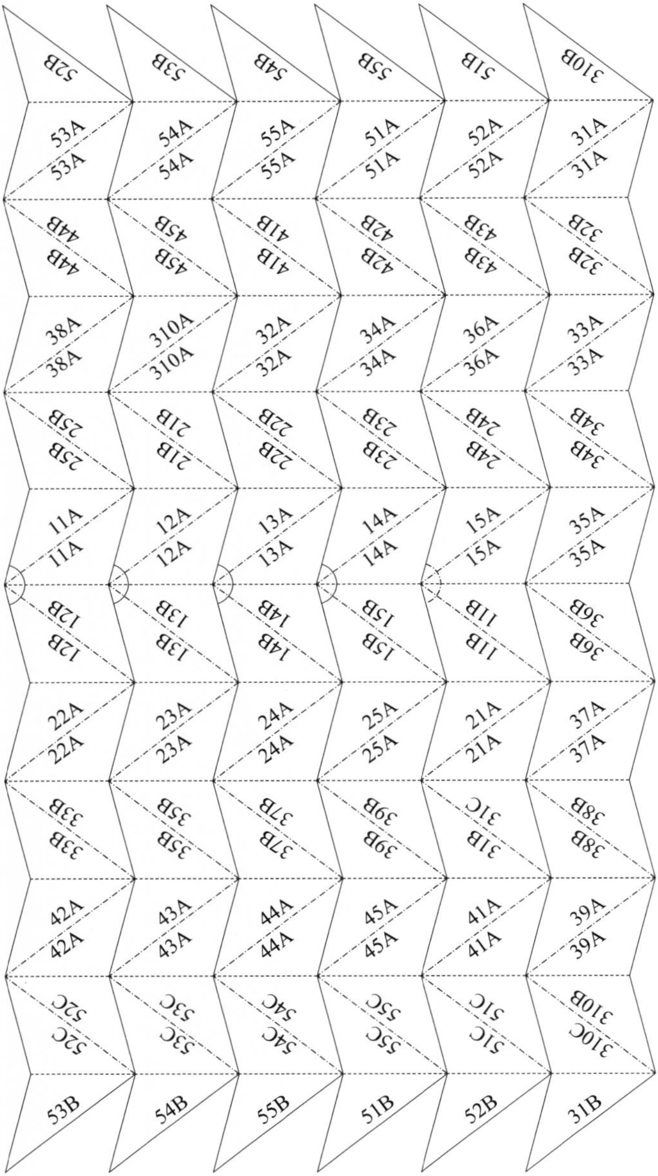

第15章 小三角六辺形二十面体編み

第15章 凹五角錐十二面体編み

52B 53B 54B 55B 51B 310B

53A 53A 54A 54A 55A 55A 51A 51A 52A 31A 31A

44B 44B 45B 45B 41B 41B 42B 42B 43B 43B 32B 32B

38A 38A 310A 310A 32A 32A 34A 34A 36A 36A 33A 33A

25B 25B 21B 21B 22B 22B 23B 23B 24B 24B 34B

11A 11A 12A 12A 13A 13A 14A 14A 15A 15A 35A 35A

12B 12B 13B 13B 14B 14B 15B 15B 11B 11B 36B 36B

22A 22A 23A 23A 24A 24A 25A 25A 21A 21A 37A 37A

33B 33B 35B 35B 37B 37B 39B 39B 31B 31C 38B 38B

42A 42A 43A 43A 44A 44A 45A 45A 41A 41A 39A 39A

52B 52D 53B 53D 54B 54D 55B 55D 51B 51D 310B 310C

53C 54C 55C 51C 52C 31B

第15章 五複合正八面体編み 1

第15章 五複合正八面体編み 2

第15章 五複合正八面体編み3

第 15 章 五複合正八面体編み 4

第15章 第七種星型十二面体編み1

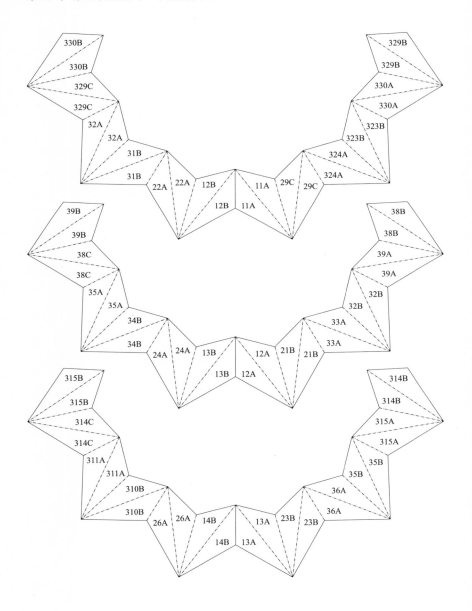

第15章 第七種星型十二面体編み2

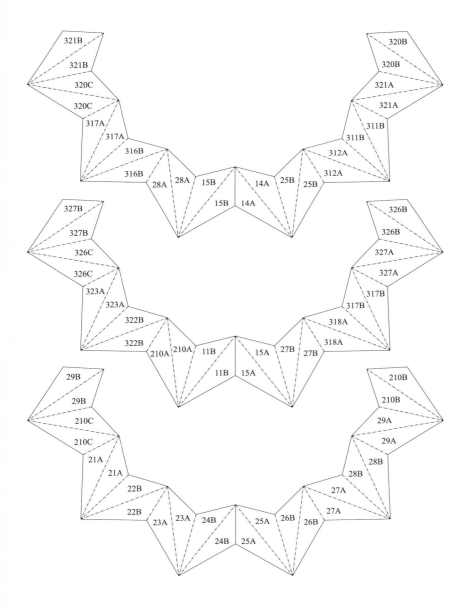

第15章 第七種星型十二面体編み3

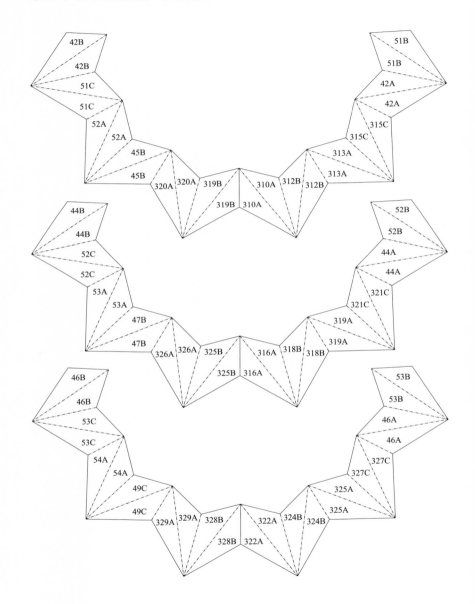

第15章 第七種星型十二面体編み4

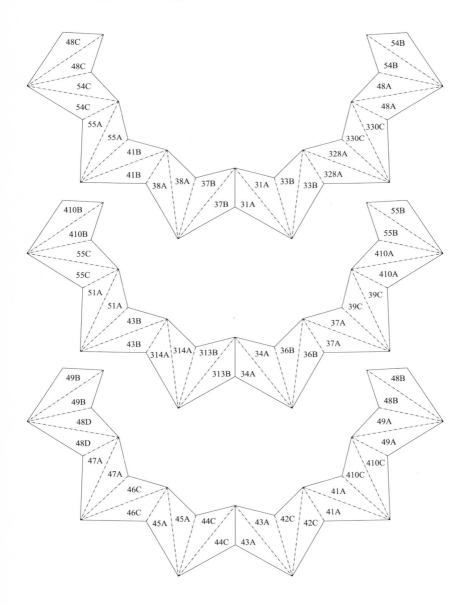

参考文献

[1] 一松 信 (2002)『正多面体を解く（東海大学選書)』東海大学出版会.

[2] P.R. クロムウェル (2001)『多面体』（下川航也・平沢美可三・松本三郎・丸本嘉彦・村上斉 訳), シュプリンガー・フェアラーク東京.

[3] D. サットン (2012)『プラトンとアルキメデスの立体』（駒田曜 訳), 創元社.

[4] 砂田利一 (2012)『ダイヤモンドはなぜ美しい？（シュプリンガー数学リーディングス)』丸善出版.

[5] T. ハル (2015)『ドクター・ハルの折り紙数学教室』（羽鳥公士郎 訳）日本評論社.

[6] 布施知子 (2011)『みんなで楽しむ多面体おりがみ（知恵のおもちゃ箱)』日本ヴォーグ社.

[7] 宮崎興二 (2016)『多面体百科』丸善出版.

[8] 桃谷好英 (2001)『折り紙で広がる化学の世界—手のひらの中の化学実験』化学同人.

[9] 雪江明彦 (2010)『代数学1　群論入門（代数学シリーズ)』日本評論社.

あとがき

　科学技術の発展とともに，あらゆるものをコンピュータでシミュレーションして映像化できるようになった現在でも，子供にはじめて「正多面体」の性質を説明する際，実物のモデルを手に取って確認させる以上に優れた手段はないと思われます．工作によって作られた造形によって「数学」を表現し理解しようとした歴史は非常に古く，紀元前の古代バビロニアや古代エジプトの時代まで遡ることができ，その取り組みは現在にいたるまで脈々と受け継がれています．そのような長い歴史の中，本書で紹介したモデルも，どこかの時代のどこかの国の数学好きによって，きっと作られたことがあると思います．実際，ヨーロッパの古い大学には，数学教育のために作られたこのようなモデルが数多く多く残されており，例えばロンドンの科学博物館のような場所で一般向けに展示されています．

　巻頭でも述べたように，本書は「とりあえず実物を作ってみて数学的な考察はそれから」というアプローチで書かれていますが，それとは異なる視点で書かれ，本書では十分に触れられなかった部分についてより深く知ることができる書籍についていくつか紹介しておきます．

　学校で習った正多面体の先に広がる多面体の世界をちょっとのぞいてみたいような場合には，数学的に美しい様々な多面体についてイラストとともに平易な解説がなされた [3] がよいでしょう．

　とにかく多面体について調べたい，または幅広く知りたい場合に，[7] は必ず目を通しておくべき本で，その書名の期待を裏切らない本です．

　[5] は折り紙の工作に関する数学的考察が丁寧に紹介された本です．本書で扱った多面体のグラフについても紹介されています．

　[6] は，同書の著者による折り紙のユニットを使った多面体の組み立てモデルを紹介した一般向けの本の一つです．カラー写真が満載でとっつきやすい書面ですが，紹介されているモデルは，組み立てる過程で多面体の幾何学的構造を学べる教科書のような本です．

[8] もユニット折り紙のモデルを紹介していますが，化学の視点に特化した異色の本です．折り紙を通じで化学の分子構造を学ぶことができますが，工作の難度はかなり高めです．

最後に，大学以降で学ぶ数学を用いて多面体の構造について解説した本として [4] を紹介しておきます．本書では軽く紹介するにとどめた内容をより深く体系的に学びたい時には，まず同書を手に取るとよいでしょう．

索　引

Memorandum

Memorandum

Memorandum

Memorandum

著 者 紹 介

廣澤　史彦

1998年　筑波大学大学院数学研究科　修了

現　在　山口大学大学院創成科学研究科　教授

　　　　博士（理学）

数楽工作倶楽部
——多面体の工作で体験する
　　美しい数学の世界

Arts and Crafts in Mathematics
——*A Beautiful World of Mathematics*
Making Polyhedral Models

2020 年 2 月 29 日　初版 1 刷発行

著　者　廣澤史彦　 © 2020

発行者　南條光章

発行所　共立出版株式会社
〒 112-0006
東京都文京区小日向 4-6-19
電話番号　03-3947-2511（代表）
振替口座　00110-2-57035

共立出版㈱ホームページ
www.kyoritsu-pub.co.jp

印　刷　啓文堂

製　本　協栄製本

一般社団法人
自然科学書協会
会員

検印廃止
NDC 414.13, 375.72
ISBN 978-4-320-11431-9

Printed in Japan

数学 の かんどころ

編集委員会：飯高　茂・中村　滋・岡部恒治・桑田孝泰

ここがわかれば数学はこわくない！ 数学理解の要点（極意）ともいえる "かんどころ" を懇切丁寧にレクチャー。ワンテーマ完結＆コンパクト＆リーズナブル主義の現代的な数学ガイドシリーズ。

【各巻：A5判・並製・税別本体価格】
（価格は変更される場合がございます）

https://www.kyoritsu-pub.co.jp/

共立出版

公式Facebook
https://www.facebook.com/kyoritsu.pub